時間最短化／成果最大化的法則

1天安裝1個成功人士「思維演算法」，

45天（約1.5月）腦袋將徹底更新！

木下勝寿

Katsuhisa Kinoshita

序言

以短時間持續做出成果的黃金法則

選擇本書的你，一定希望能夠「在短時間內獲得最大的成果」吧！

某個有名的顧問公司曾針對成功商業人士與其他商業人士間的差異進行調查，結果發表了一份〈進入社會後的第一個主管是什麼樣的人，會造成很大的影響〉的報告。

新人就是跟著主管學習。一邊接受「這個先，那個後」、「這種時候要這樣」等指導，一邊慢慢掌握工作的先後順序與方法。

然而如此一來，跟到能做出成績的主管確實很幸運，但跟到做不出成績的主管那可就是悲劇了。

因爲，能做出成績的主管所灌輸的是「有效的工作方式」，而做不出成績的主管卻會灌輸給下屬「無效的工作方式」。

若要說第一個主管的能力大大左右了你往後的職業生涯，可是一點兒也不爲過。

那麼，主管灌輸給下屬的到底是什麼呢？

究竟是什麼導致了這麼大的差異？

是特定的工作步驟或技能嗎？

有人年薪3百萬日圓，也有人年薪3千萬日圓。同一家公司的業務員，有人一年的業績是1千萬日圓，也有人的業績高達10億日圓。

於是，我徹底研究了不同人的工作成果，爲什麼會相差10倍，甚至是100倍以上？

無法獲得預期成果的人們到底是「少了什麼」？

對於我的疑問，做不出成績的人給我的答案是，「技能不足」。

他們針對眼前的工作，拼命想提升相關技能。

不過，依據我本身20幾年來於經營管理最前線而持續產出成果，並同時指導員工所學到的經驗，只靠「技能」是無法獲得成果的。

成果＝技能╳思維演算法

「成果」其實來自這樣的公式。

實際上，不論再怎麼磨練技能、增進技術，新人和老手的差距，至多不過是「1：3」，亦即3倍左右。

成果百倍於你的人，並不是因為擁有100倍的技能。

而「思維演算法」的差距，則可達到「1：50」，亦即50倍之多。

依據公式相乘後，會得到150倍的差距，這樣的差距真的非常大。

本書想要傳授的是，以短時間持續做出成果的黃金法則。

爲了改良或重新安裝第一位主管所灌輸的「思維演算法」，好讓你變身成爲超級商業人士。

二〇〇〇年，我在大阪住宅大樓中，一個人靠著僅僅1萬日圓的資金，開始了北海道特產的網路銷售事業。

該事業於二〇〇二年法人化，成立爲「株式會社北之達人公司（當時的公司名爲：株式會社北海道COJP）」。現在以網路銷售自有品牌「北之快適工房」的健康食品，以及化妝品等爲主要業務。

從僅僅1萬日圓資金開始的這項事業，於15年後在東京證券交易所第一部上市（現在的東證Prime），總市值最高曾突破1千億日圓。

員工每人平均產值比起豐田汽車、NTT、三菱UFJ金融集團等還高，爲2332萬日圓（依據二〇一九年十二月－二〇二〇年十一月期間，東京證券交易所第一部上市公司之有價證券報告書）。

營業利潤率即使因新冠疫情而稍微降低，也有21．9％（二〇二二年二月）。就算是在不分業種的前提下比較，也算是相當高。

爲什麼僅用1萬日圓，一個人單槍匹馬創業的公司能夠成長至此？爲什麼我們的員工們可以發揮出，媲美全球知名企業的生產力呢？

這秘密就在於，以短時間持續做出成果的黃金法則——

成果＝技能×思維演算法

所謂的「**演算法**」，本來是電腦程式設計的專業用語，指的是「**解決問題的步驟**」。很多問題都可以靠著活用演算法有效率地解決。

然而，即使是由電腦解決同樣的問題，採用有效率的演算法和沒效率的演算法，可是會產生很大的差距；工作也一樣。

其實，本書主題「**思維演算法**」本來就存在於每個人的腦袋中。

「思維演算法」是我自行創造的詞彙，說成「思考方式」應該會更容易理解。

正所謂「一樣米養百樣人」，每個人的「思考方式」都不盡相同。面對困難時，每個人的應對方法都不一樣。

有人會覺得「這是不可能的，沒辦法，做了也是白做。」

也有人會想「該怎麼做才能克服這個難關呢？也許做了也是白做，但還是努力看看吧！」

雖不知行不行得通，但比起前者解決問題的可能性爲0%，後者至少還會有幾%的可能性。

最重要的是，平日不斷累積對這些事件的判斷，對於「成果」會有很大的正向影響。

假設後者的成功率是10%的話，若同樣的事情發生10次，即使技能相同，前者依舊一事無成，但後者至少會成功一次。

換言之，人就算擁有相同程度的技能，確實還是存在著「有效的思考方式」與「無效的思考方式」的差異。

儘管「應該要改變思考方式」，可是人對自己的思考方式往往難以有所自覺，沒有自覺就無法改變。

因此，不需要改變思考方式，不需要努力磨練，只要重新安裝即可。就像電腦的作業系統一樣，在腦袋裡安裝「正確的思維演算法」，任何人都能在短時間內做出成果（▼圖表1）。

本書將代替一流的主管，傳授各位能應付各種情況的強大武器。

我們公司的員工都會定期接受，由我擔任講師的「思維演算法訓練課程」。在該訓練課程中，員工們會學到來自許多成功人士的教誨，以及由實務經驗法則所得到的「在最短時間內獲得最大成果的思維演算法」。

本書將此訓練課程中特別受到好評、就再現性的觀點而言，很有益的部分整理成了「45個法則」。

只要一天安裝一個法則，大約一個半月（45天）後，你的腦袋就會徹底更新。

此外，本書開頭處的折頁背面還收錄了「★立即有效的法則（適用於年輕人的法則）」、「★★能改變遊戲規則的法則（適用於中堅份子的法則）」及「★★★能獲得巨大成果的法則（適用於主管階層的法則）」。

藉此以三級跳的方式，來更新你的「思維演算法」。你可以從頭依序閱讀，也可以挑選有興趣的部分隨意瀏覽。

我剛畢業時，曾進入瑞可利（Recruit）公司擔任業務員，之後又再經歷了幾個兼職工作與其他企業，最終一個人隻身創業。因此，不論是一般員工的感受、兼職人員的想法、老闆及管理階層、創業者的心情等，我都能夠理解且體會，也很清楚哪些人、會在哪裡、怎樣跌倒。

此外，我在創業後不久就遭到詐騙，也曾一度變得身無分文。但我化

▼圖表1 只要安裝「思維演算法」即可改變人生

BEFORE

用「無效的思維演算法」做判斷
例：A情況判斷為「1」，B情況判斷為「2」

一天安裝一個
「有效的思維演算法」法則

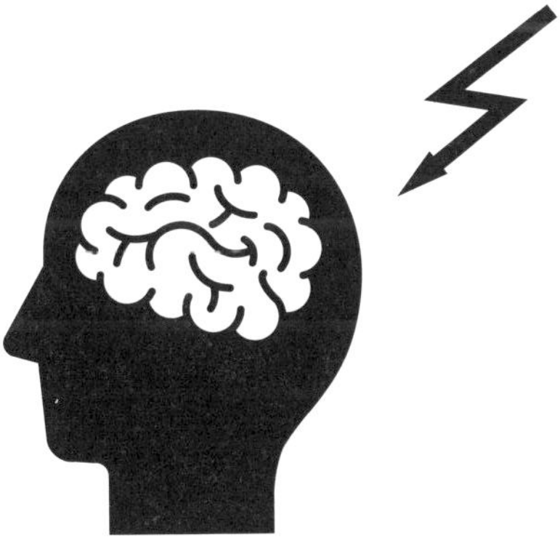

AFTER

能用「有效的思維演算法」做判斷了！
例：A情況判斷為「5」，B情況判斷為「6」

人生大不同！

失敗為動力，成功寫下連續4年掛牌上市的歷史記錄。

從自行創業，再把公司養大成東證Prime上市公司，且目前仍舊擔任社長的人，約有120人，而我是其中之一。

今日我依然在業務的最前線，以社長兼行銷人員的身分，與客戶及員工們互動。

想必這本書對新人、中堅份子、老手、管理階層及經營者等所有人，都會十分有用。

以往，只有恰巧跟到一流主管的人，才能夠做出成果。但今後，不論主管的個性及能力如何，只要安裝能做出成果者的「思維演算法」，任何人都可以持續做出成果。

而所謂的可以「持續」做出成果，正是其厲害之處。若只是1次、1個月、1年的話，其實沒什麼意義。

在全球高喊著SDGs（Sustainable Development Goals）、永續

性備受重視的今日，不論個人還是企業，**長期維持活躍**可說是非常重要。

只不過，這並不容易，因爲新創企業的10年生存率極低。

在日益複雜的現代社會中，原本在公司裡一直都能持續做出成果的人，某天突然精神崩潰的故事並不少見。

因此，基於這樣的時代背景，本書並不以憑藉鬥志與毅力來獲取成功的實務知識爲內容。

而是將重點放在，**如何能夠不靠幹勁，輕鬆愉快地持續做出成果**。

請隨意翻閱本書，一旦看見有趣的部分，若劈頭想到了點子，就啪地立刻行動的話，「劈啪法則」（▼P40）便會發揮作用，給你強而有力的支援。

我向各位保證，只要盡可能多多實行本書的法則，必定能大大改變你的人生，更能成爲你充滿自信地走出人生的起點。

全書的整體架構如下：

第1章介紹的是「立即行動者的思維演算法」。
無論做什麼，越早動手通常越有效，而挑戰的次數也會增加。
你將體會到「立即行動者」是如何獲得一切。

第2章介紹的是「總能達成目標者的思維演算法」。
總是能夠達成目標的人，和有時成功、有時失敗的人，兩者有著不同的思考方式。當有多個「重要」且「緊急」的任務時，該怎麼決定先後順序呢？
在此，將介紹如何不倚賴幹勁，而是去改變「思維習慣」的方法。

第3章則會談到「成為零失誤高手的思維演算法」。
其實，各位都已經具備持續做出成果的能力。
只是同時，也具有會嚴重妨礙成果的「隱性缺陷」。
不管安裝了多麼棒的思考方式，只要有一個這樣的缺陷，就足以毀掉一切。這不是在威脅，而是眞的。

不過，只要卸下一個這樣的「枷鎖」，便能夠瞬間重生成爲一個可持續做出成果的人。

第4章介紹的是「能自行思考並行動者的思維演算法」。

我們已進入「沒有答案的時代」，而這個時代的人類分成兩種：「會自己發現問題並解決問題的人」和「聽從別人的答案的人」。

而所謂「能以最短的時間獲得最大成果的人」，正是「會自己發現問題並解決問題的人」。

這些人平常都在想些什麼、做些什麼？又會採取什麼樣的方法？

此章，將從聚焦於行動的角度來做具體的介紹。

第5章介紹的是「複製成功者的思考迴路」。

自新冠疫情發生後，時代有了很大的改變。

在電腦上看了什麼、與誰互動、談論了什麼樣的內容等，會導致成果都大不相同。

不論是普通人，還是能持續做出成果的人都在同一條線上，沒有差距。環境變得極爲公平，但卻不是每個人都有注意到這點。

唯有及早複製成功者思考迴路的人，才能夠走在前面。

成功人士都是下意識地立刻採取行動，持續獲取成果。

若能確實複製成功人士的思考迴路，人生想必也會變得很不一樣。

最後，我到底爲什麼要寫這本書呢？

我每天都會把自己的一些想法發布在Twitter上，這些想法受到許多商業人士的支持，追隨者日益增多。

以此爲契機，得以彙整自身經營手法，出版了第一本著作《億萬社長高獲利經營術》，並因此獲得了許多迴響，像是——

「只是實行書裡寫的東西，年獲利就增加了6千萬日圓！」

「照著這本書執行，淨值就翻了3倍！」

除此之外，「Twitter上也開始有許多追隨者留言，表示「希望瞭解木下先生本身的思考迴路」」。

基於感謝之意，我毫不保留地將自己現階段的最佳答案收錄在這次的著作之中。

不過請放心，我已排除硬梆梆的精神論，並微調了和緩與緊繃之間的微妙平衡，應該可以爲你自動安裝全新的「思考方式」。

請一邊想像自己幾個小時後順利成長的樣子，一邊放鬆地閱讀即可。

讀完後，你一定會有所改變。

喔不，就算你不試圖改變，應該也會自動變身。

請拭目以待！

北之達人公司　代表取締役社長　木下勝壽

contents

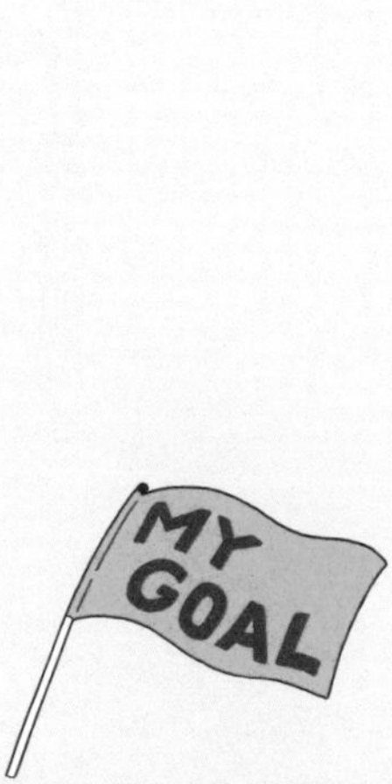

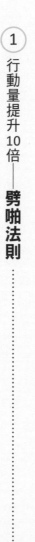

contents

◆ contents

10
25
TUE

contents

Chance

contents

2

contents

第4章▼能自行思考並行動者的思維演算法

contents

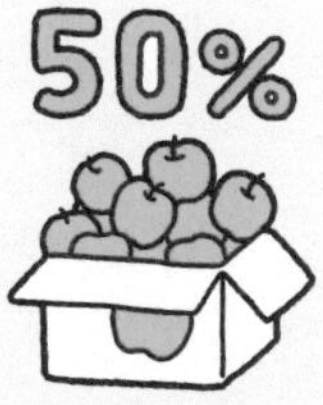

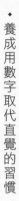

contents

第5章 ▼ 複製成功者的思考迴路

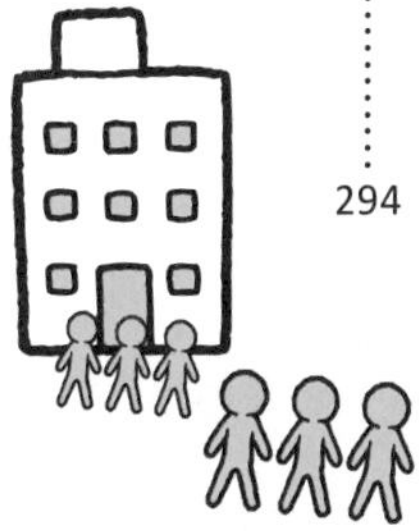

contents

✧ *contents*

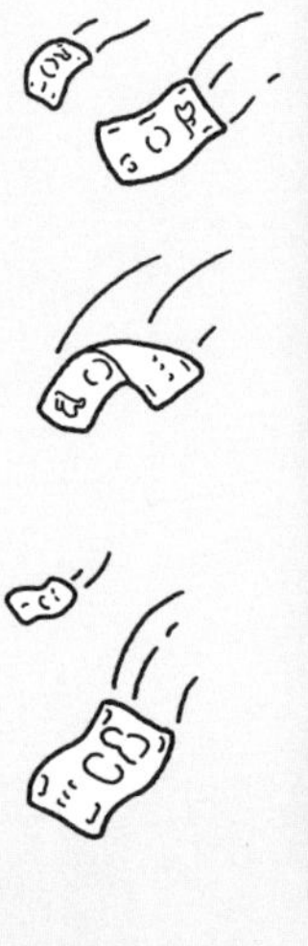

第 1 章

立即行動者的思維演算法

1

行動量提升10倍劈啪法則

只要卸下「枷鎖」，就能立刻獲得驚人成果

每個人都有很棒的優點，也都擁有很好的武器。然而，儘管具備優勢，卻仍煩惱著做不出成果。

應該有很多人都不明白，這到底是為什麼？

其實原因很簡單。

做不出成果的人，並不是沒有優點或不具能力。

打個比方，這些人就像是雙腳被扣上了枷鎖的飛毛腿一樣。

「枷鎖」使得你無法發揮所長，最終「浪費了一身好功夫」。

眞的非常可惜。其實只要懂得卸下「枷鎖」，就能立刻獲得十分驚人的成果。

「似乎能夠成功，卻沒成功的自己」和「事業有成的社長」，兩者間的決定性差異

實際上，我個人曾有過藉由培養「立即行動者的思維演算法」，而成

功卸下枷鎖的經驗。

那是我大學畢業後，在瑞可利（Recruit）公司的大阪暨難波營業所擔任徵才雜誌廣告業務時的事。當時我連阿諛奉承都不會，說得難聽一點，就只是個「自我感覺良好的人」而已。三不五時去參加一下研討會、拼命買商管書，腦袋裡累積了許多商業知識，然後就覺得——

「基於工作性質，我曾和數百名企業主聊過，可以和他們平等對話。這些社長級人物所想的事情跟我沒什麼不同，似乎學不到什麼。」

不過很快地，我就發現這是個天大的誤會。

的確，我或許能和許多社長級的人物在同一層次上對話，但雙方的立場卻完全不同。

在我面前的社長已經獲得成功，而我只是個一事無成的基層員工。

這樣的差距從何而來呢？

有一次，我意識到雖然我們說的內容差不多，但實際採取行動的比率卻是天差地遠。

在談話時，我有時候會與社長們興奮地聊到：「這個做法很有意思耶！」但我只有說說罷了，從未採取任何行動。

然而，社長們總會在實際採取了某些行動後，於下一次見面時，告訴我：「你的這個構想很棒，另一個點子則行不通。」

於是我發現，這世上的人分爲三種——

✔「成功的人」。

✔「似乎能夠成功，但卻沒成功的人」。

✔「不會成功的人」。

「似乎能夠成功，但卻沒成功的人」所說的話和「成功的人」一樣，其行動卻和「不會成功的人」一樣。

話說得再漂亮，若不採取行動，就不會有結果。

相對於此，已經成功的社長們則是想到10個點子，就會執行10個。而我卻是即使想到10個，頂多只執行1個。

這便是我當時的弱點。

能讓行動量從今天起提升10倍的「劈啪法則」是什麼？

以往我一直以爲是，「因爲太忙，所以無法執行」。但仔細想想，社長們應該比我更忙才對。

於是我詢問已經成功的社長：「您爲何能夠立刻採取行動呢？」

「如果劈頭想到了點子，就啪地立刻去執行。跟你聊著聊著，就覺得這件事做下去應該相當有意思。你一離開我就立刻行動了，就只是這樣而已。」

這正是在敝人拙作《億萬社長高獲利經營術》最後部分所提到的「**劈啪法則**」。

當有該做的事出現時，不能想著之後再做、日後再找一天做，而是要**當場立刻執行，即使無法立刻執行，也要立刻決定何時要執行**。

如此這樣就不會拖延、耽擱，而**能夠逐一完成任務的結果，便是生產力激增**。

自那時起，我就開始實踐「劈啪法則」。

簡單的事都馬上做，如果事情不那麼簡單，也會馬上決定「何時要做」，並且寫進行事曆。

如此一來，1天若想到10個點子，就能夠10個全都執行。

比起以前想到10個只能執行1個，**行動量足足增長了10倍之多**。

讓「思維演算法」開始產生巨大變化，值得紀念的第一法則

啪地立刻去做，就能讓工作產能提升10倍。

過去都是與客戶談完後，回到公司再思考下一個提案，而自此以後就變成邊談邊思考下一個提案。

這麼一來，也能於談話結束時直接預約下一次的訪談。

因此，幾乎不再有什麼懸而未決的工作等著處理。隨之而來的，便是心情輕鬆，思緒也能常保清晰。

當我在YouTube熱門影片「新R25綜藝秀」的「請告訴我們，您覺得實踐後明顯提高了工作效率的工作秘技」單元中，介紹「劈啪法則」後，竟被選為300個答案中的最佳答案。

然而，「劈啪法則」並不只是個「工作秘技」而已。

多虧有了「劈啪法則」，我才能卸下「枷鎖」，變身爲立即行動者，進而得以持續不斷地做出成果。

「劈啪法則」能讓「思維演算法」開始產生巨大變化，值得紀念的第一法則。

這正是爲何我在書一開始便介紹它的原因。

與新人的150倍差距！
「成果＝技能×思維演算法」的黃金法則

當時的我有著「動作慢」、「缺乏速度感」的致命弱點，而且我並沒有自覺。

最麻煩的是，我甚至沒能意識到「思考方式＝思維演算法」。

沒有自覺就無法改變，也學不會。

就在這時，我認識了「劈啪法則」，一旦修正好自己的「思維演算法」，成果便滾滾而來。

但究竟，我的內在發生了什麼變化呢？

請大家試著回想在序言部分提過的，「**成果＝技能×思維演算法**」這個黃金法則。

技能在新人與可持續做出成果的人之間，大約差了3倍。反過來說，**技能至多只能創造3倍左右的差距**。

另一方面，「**思維演算法」的差距則有50倍之多**。

以新人來說，「**技能1×思維演算法1＝成果1**」。

即使是技能提升了3倍的老手，如果「思維演算法」不變，「**技能3×思維演算法1＝成果3**」，差距也只有3倍左右而已。

實際上，就算做著同樣的工作，成果差距多達10倍、20倍者並不少

▼圖表2 「成果＝技能×思維演算法」的黃金法則

	技能		思維演算法		成果
新人	1	×	1	＝	1
老手	3	×	1	＝	3
可持續做出成果的人	3	×	50	＝	150

「思維演算法」能創造出150倍的差距！

見。萬年基層員工與年紀輕輕即晉升至管理階層者，所做出的成果或對公司的貢獻度，差距可不止是10倍、20倍而已。

能持續做出成果的人，是「技能3×「思維演算法」50＝成果150」。

換言之，他們可是帶著150倍的差距出現在現實世界（▼圖表2）。

想在短時間內立刻成為能持續做出成果的人，那就必須培養出對應的「思考方式＝思維演算法」。

技能不是一朝一夕就學得起來的，但「思維演算法」是「思考方式」，可以立即改變。

只要安裝一次，馬上就能重複使用。一旦安裝成功，就再也不必靠幹勁（積極性）做事。

讓我們現在就安裝「思維演算法」，成爲立即行動者吧！

2

工作速度快的人之共通點
不稍後再考慮法則

「工作速度快者」和「工作速度慢者」的分水嶺

有人「1小時就能完成的工作」，另一個人也許要花8小時。
有人「5分鐘就能完成的工作」，另一個人也許要花1星期。
1天能做出的成果，也會有10倍左右的差距。

我們往往會直接把像前者那樣工作速度快的人，歸類爲「能在短時間內完成工作的人」；而把後者那樣工作速度慢的人，歸類爲「花長時間工作的人」。

然而，眞是如此嗎？

其實，除了剛入行的新手外，完成某項任務所需的時間，和身爲社會人士的經驗値幾乎毫無關連。

在此，我整理了1天成果是10的人，和1天成果是2的人，分別是如何運用時間的（▼圖表3）。

先看成果10的A，1天完成10的實際工作，做出10的成果。

接著，來看看成果2的B，又是如何？

你或許會以爲是像B那樣，花在每項實際工作上的時間很長，所以只能做出2的成果；但這樣的想像是錯的。

就如C那樣，這種人花在每項實際工作上的時間，其實和成果10的人

▼ 圖表3　成果10的人與成果2的人運用時間的方式

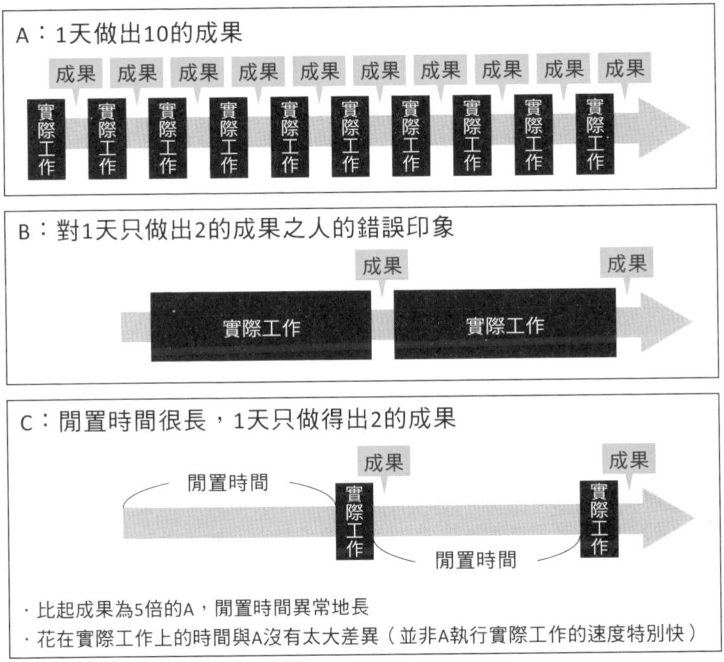
A：1天做出10的成果
成果
實際工作
B：對1天只做出2的成果之人的錯誤印象
成果
實際工作
C：閒置時間很長，1天只做得出2的成果
成果
閒置時間
實際工作
・比起成果為5倍的A，閒置時間異常地長
・花在實際工作上的時間與A沒有太大差異（並非A執行實際工作的速度特別快）

差不多。

最主要的差異就在於「閒置時間」，也就是指沒在執行實際工作的時間。

比起成果10的A，成果2的C在眞正開始進行研究、分析、確認、思考、準備等，實際工作之前的閒置時間異常地長。

爲什麼，閒置時間會變得這麼長呢？

讓我們來比較看看工作速度慢的人和工作速度快的人吧！

工作速度慢的人，為何總是很晚才「著手」進行實際工作呢？

工作速度慢的人，都是以「稍後再慢慢考慮」爲前提去開會。例如，像以下這樣的情況——

1 開會時只單方面地聽取資訊，不清楚的部分稍後再考慮。正因爲打算「稍後再考慮」，所以當場並不做確認或是提出疑問。
2 依據開會時獲得的資訊，仔細考慮「該怎麼做」。
3 由於「不知怎麼辦才好」，於是詢問前輩及同事的意見。
4 雖然前輩及同事都給了意見，但不保證一定正確。畢竟這些人都沒去參加會議，無法掌握正確資訊。

5 在無法確保正確性的狀態下，訂立了企劃案。

6 正因爲無法確保正確性，所以企劃的精準度也比較低。

此外，工作速度慢的人，不會在會議後立刻著手進行實際工作，所以當要開始做的時候，還必須花時間「回想」。一旦時間久了，記憶都已不再清晰，工作的精準度自然也會變低。

工作速度快的人，為何總是很早「著手」？

另一方面，工作速度快的人，就如前述的「劈啪法則」，是以會議結束後就立即著手進行實際工作為前提去開會。

1 於開會的階段，就把一切都理解得十分透徹。像是「認知是否有差距」、「是否雖不完全相同但也還算一致」等。對於不明白的部分，一定都當場確認到清楚爲止。當會議結束後，才不會留下任何疑問。

2 由於已經知道該做什麼、怎麼做，就會立刻著手進行實際工作並迅速完成。多數資訊都已經確認，故精準度也較高。

工作速度快的人，是在會議後就立刻著手，沒有閒置時間，記憶又很清晰。因此，工作的精準度自然也比較高。

從今天起，即刻剷除「稍後再考慮」的思維演算法

工作速度慢的元凶，正是所謂「稍後再考慮」的「思維演算法」。

你必須於此時此刻，立刻將這種思考方式從你的人生中剷除。

首先，就從「**一邊想像產出結果，一邊開會**」做起。

不清楚的、沒聽懂的，都要當場詢問並確認，必須明白地確認A和B哪個才是對的。

會議必須在明確知道「**接著應該馬上做什麼、怎麼做**」的狀態下結束。如果這些都還不明確，就絕不結束會議。

對外洽談時也一樣。

不要在被拒絕之後，才開始思考接下來該如何處理，而是要在交涉的過程中被對方拒絕時，就一邊思考「下次要怎麼做才能談成生意」，一邊詢問對方「您顧慮的是哪些部分呢？」、「如果條件是這樣的話，您可以接受嗎？」等，做進一步的確認。

務必於洽談結束時，達成知道「下次該用怎樣的條件提案才能談成生意」的狀態。

工作速度快的人，是在持續與對方磋商的同時，確實地取得成果。

請務必記住，開會並不是「單方面地從對方那兒獲取資訊」，而是要「**與對方磋商**」。

3

以「重要性×急迫性×很快完成」來思考
先後順序的雙矩陣法則

為什麼「重要性」優先於「急迫性」？

差距，有時甚至還可能更大。

例如：A只需10分鐘就能完成的工作，換成B卻要花上1個月。對C來說只要1小時即可完成的任務，D則要花上3個月。

到底是爲何會產生如此大的差距呢？

不只是因爲「立即行動與否」，探究其最根本原因就在於「先後順序的判定」。

「先後順序的判定」會依每個人的「思維演算法」而不同。

在此，讓我們來徹底瞭解一下，能做出成果的人，其「思維演算法」究竟如何？

工作的成果會因先後順序的判定方式，而產生很大差異。

首先，來看看一般的基本思考方式。

假設，眼前有四項任務，由於時間和力氣都有限，故只能完成排序在前2名的任務。

在這種情況下，就先後順序的判定而言，可按「重要性」與「急迫性」來分類。圖表4，便是將此例化爲矩陣的結果。

所謂的「重要事項」，是指「對結果的影響較大的事項」。

▼圖表4　一般的先後順序矩陣

		急迫性	
		高	低
重要性	高	1	2
	低	3	4

在有限的時間與人力之中，若是只能完成排序在前2名的任務的話，
比起急迫性「高」者，以重要性「高」者優先較容易獲得成果

所謂的「急迫事項」，則是指「需要現在立刻處理的事項」。

在急迫事項中，也包括有「不重要的事項」，因此，這部分的處理方式會導致成果大不相同。

先執行「重要性和急迫性都高的任務」，而「重要性和急迫性都低的任務」可決定最後再做，或是根本「不做」。

會令人猶豫的是，「重要性高但急迫性低的任務」和「重要性低但急迫性高的任務」何者應優先處理？

這時，若猶豫和煩惱也只會產生閒置時間而已。

請記住，以重要性優先於急迫性，才能獲得更好的成果。

這是因爲優先處理重要性高的工作，在該工作變得急迫之前就先把它解決，不知不覺急迫的工作便不再出現，於是就能把時間和精力集中在重要性高的任務上。

如果不把重要性高的工作逐一清除，這些工作遲早會伴隨著急迫性，成爲你心頭上的沉重壓力。到了那時，你就不得不立刻動手處理了。

這種狀況若是一直持續，你就會總是忙著解決「重要性低但急迫性高的任務」，於是成為「很忙但卻績效很差」的人。

即使「重要性＆急迫性」比較低，若能「很快完成」就優先處理

接下來是應用篇，要進入第2階段的矩陣（▼圖表5）。

▼ 圖表5 第2階段的先後順序矩陣

應用：很快完成的事項最優先

		重要性&急迫性	
		高	低
所需時間	短	1	2
	長	3	4

即使「重要性&急迫性」較低，若能在短時間內完成就先做。

- 可獲得的「結果」量增加，能處理的案件量大幅增加。
- 減少任務管理的麻煩（「發生→任務管理→執行」變成「發生→執行」）。
- 該案件完成後，下一個任務就誕生，達成整體的最佳化。
- 趁著記憶還鮮明時先做，就能在短時間內達成滴水不漏的高精準度。若是延遲再做，事情一度從記憶中消失之後，到了執行時又必須一邊回想一邊做，不僅效率較差，精準度也會下降。

※ 如果是還有後續處理的工作，那麼趕快完成自己負責的部分，並傳遞給下一階段就非常重要。

當各個任務的重要性與急迫性都很高時，該怎麼辦？

這時，首先評估完成任務所需花費的時間，然後最優先處理能夠立刻完成的任務。

不過，很多人都會選擇先處理「重要性與急迫性高且耗時的工作」，然而這可說是大錯特錯。

即使「重要性或急迫性較低」，先做很快就能完成的工作，往往更能夠獲得成果。

而其理由有四個——

1 先做就能立刻得到結果，能處理的案件量就會大幅增加。

2 「發生↓任務管理↓執行」變成「發生↓執行」，可省去任務管理的麻煩，增加產能。

3 一個任務完成後，下一個任務就誕生。從大處著眼，可讓整體工作順利進行。

4 趁記憶還鮮明時工作便已完成，故可在短時間內達成滴水不漏的高精準度。若是稍後再做，往往記不清細節，不僅會產生閒置時間，精準度也會降低。

在此，**想辦法消除「閒置時間」也很重要**。

如果你負責的程序還沒完成，下一個程序就無法開始的話，就算該案件的重要性和急迫性對自己來說不高，也可能對整體來說是很高的。

這時，盡快完成自己負責的部分，並傳遞給下一階段就非常重要。就這層意義而言，也是應該要趕緊完成可以很快進行的事項，交棒給下一個程序。

10分鐘內可完成的事，請「現在」就做

當主管提出「請評估一下是否要將出差用的電腦換成更輕薄的機型」時，工作速度快的人，大概當天或隔天就會回覆了。但工作速度慢的人，有的甚至要花3個月左右的時間才回覆。

有任務出現時，這兩種人分別是怎麼想的呢？

工作速度快的人想的是──

「評估時間是1小時。這件事的急迫性不高，但既然只要1小時即可

完成，那就先做好了。這1小時要安排在何時呢？就今天傍晚吧！」

工作速度慢的人想的卻是——

「有新任務來了。今天有其他工作要處理，等我全部做完，再來處理這新任務吧！」

前者的速度快得多，精準度也很高，因為他們會在記憶還鮮明時執行。有做出成果的任務數量也會比較多，因爲每個任務花費的時間較少。

若是請前者評估，大概下星期就能換成新電腦，但要是請後者評估，評估完要找新電腦又得花好一段時間，搞不好會拖到半年後也說不定。

就像這樣，**先後順序的設定，會造成產出結果有很大的差距**。

我個人會依據完成所需的時間，來改變工作的先後順序——

1　10分鐘內可完成→現在立刻做。

2　30分鐘內可完成→今天就做。

3　1小時內可完成↓明天結束前做。
4　1天內可完成↓2週內做，並且決定哪天要做。
5　不值得立刻做的事↓決定「不做」。

簡單的調查及統整評估等工作可在10分鐘內完成，所以立刻去做。會議中若是出現「可於10分鐘內完成的任務」，就在會議結束後趁著記憶仍鮮明時把它做完。

一旦讓別的事情插進來，不僅要再花時間去回想，精準度也會降低。

給1小時後的自己之重要訊息的筆記寫法

有時雖然會議中出現了任務，但礙於會後必須去開別的會，而導致你無法立刻完成該任務。

這種時候，就要把任務內容寫在便利貼上，並貼在電腦螢幕上。等開完會回來，看了便利貼的內容後，就能立刻著手處理。

因此，**便利貼上的筆記寫法就很關鍵**。

有的任務有前提，有的則在等待結果，還有些可能與別的任務相關聯，各式各樣都有。若是沒掌握好目標在哪裡、目前處理的是整體中的哪個部分，就會搞不清楚自己在做什麼。

爲了要讓自己在回到座位時能看懂，就必須寫得夠仔細。要寫成不論是3個月後看、還是第一次看的人，都能瞭解意思才行。

在有大量任務同時存在的狀況下，這是給1小時後的自己的重要訊息。若只是隨便寫一句，很可能無法讓自己回想起來。

這筆記必須寫得讓人在完全忘記時，也能一看就懂。

例如：別只是寫下「email給●先生」，而是要寫到「針對▲一事

email給●先生（爲此要先向■小姐確認▲一事正確與否）」這麼詳細的程度。

若是寫成前者，即便是看了筆記，也必須經歷「要email給●先生呢！欸——，是要講什麼事呀？對了，是關於▲的事。嗯——，是關於▲的什麼事呢？喔，我想起來了，得先跟■小姐確認才行。」這樣一連串回想思考的閒置時間。

然而，若是寫成如後者那般詳細，那麼一看筆記就會立刻採取行動「向■小姐確認」。

在此，避免產生閒置時間也是一大重點。

這些短暫的時間一旦累積起來，將會導致「同樣時間」可產出的「結果量」出現相當大的差異。

請從今天起放棄「記住事情」

我的工作量實在很大，每當記憶力跟不上的時候，我就會放棄不再堅持要記住事情。所有事項都記在手機裡，讓手機發出通知提醒。

我不再花費心力**以自己的腦袋「記憶」可用機器替代的事情，而是選擇將空下來的大腦資源集中於「思考」**。

如此便能毫無遺漏地專心思考，可以完成比別人多10倍的工作。**記下筆記就可以放心地忘記，能夠在腦容量中騰出空間**。

舉例來說，假設你打電話給外部的人，但對方正在和別人講電話。若是說好了10分鐘後再打，那麼這10分鐘你要如何度過呢？

就算是利用它來做別的工作，很可能也是一邊做一邊瞄時鐘，很難專注，於是這10分鐘就只能處理精準度低的工作。

因此，我都會利用手機的提醒功能，在行事曆中記下「打電話給——先生」的筆記，並設定於10分鐘後發出通知音效，並同時顯示筆記內容。然後就暫時把這件事拋在腦後，專心處理眼前的工作。

我認爲這很重要，甚至還將它如下納入了本公司的「信條」。

爲了能夠精準地完成許多工作，我會充分運用筆記、行事曆、數位工具等，**凡事不倚賴「記憶」，而是採取創造「必要時能夠準確地注意到、能夠確認」這種狀態的工作方式**。

如此一來，工作產能便會擴大，實務能力也會增加好幾倍。

不記筆記、不設定提醒的人，其實是侷限了自己的能力。花費很多時間在任務上，卻只能產出低精準度的結果，有時還會忘東忘西，給周圍的人們帶來麻煩。

讓人第一眼就覺得你能幹
絕對準時不拖延法則

讓總是逾期的人變得「絕對準時不拖延」的三要件

總是逾期的人和從不逾期的人，有著不同的「思維演算法」。

會逾期、無法準時完成的人，認爲逾期的理由是「因爲發生意料之外的事情」，或是「因爲自己動作慢的關係」。

而從不逾期的人，則認爲「會逾期是因爲起步太慢」。

總是逾期的人有三個不應該的思考方式——

1 覺得是因爲有意料之外的事情，所以沒辦法，就放棄了。

2 歸咎於「自己動作慢」，厚顏無恥地道歉了事。

3 想要「在短時間內完成」故努力加快工作速度，但疏於檢查而忽視了控管品質。

會逾期又沒有責任感的人，會採取放棄心態，覺得「是因爲有意料之外的事情，所以沒辦法」；而雖逾期但有責任感的人，則會歸咎於「自己能力不足」，以道歉收尾。

然而，這樣下去只會一直逾期，永遠無法準時完成。

爲了要能夠準時不拖延，先請試著做到以下三件事——

1 **提前開始**：如果已經知道「什麼時候必須要做什麼」，就要以意外總會發生為前提，以寬鬆的時程安排提早著手。

2 **改變順序**：要提前開始某些事情時，就必須延後別的事情。請依據「期限順序」，而非「任務交辦的順序」，來改變開始的時間。

3 **分割進行**：已做到1、2卻還是來不及時，就要將任務分割成多個部分。亦即重新評估工作流程，以同時並行各部分之後再整合的方式進行。

例如：假設某個印刷品是由A和B兩個人製作。

將原本的工作流程，「A撰寫文章（5天）↓依據該文章由A和B決定版面配置（1天）↓由B完成設計（5天）＝11天」，改為「由A和B決定整體內容企劃&版面配置（2天）↓A撰寫文章和B進行設計兩者同時進行（5天）＝7天」，便能縮短4天。

有備案就能準時

我們公司的電子報中，有個與健康有關的專欄。由負責的人員編寫好內容，星期五待我確認過後，於每週日寄送出去。

有一次，該專欄的內容與公司的政策有所抵觸，我要求負責人員修改，結果得到的回應是，「雖然今天必須完成寄送設定，但社長確認後沒說OK，所以電子報就無法準時寄出。」

於是，問題就變成下次遇到類似的狀況，該怎麼辦？

負責人員基於「為了獲得社長核可」之理由，選擇了以瞭解我的喜好的方式來解決問題。

然而，準時的最好辦法，是多準備1篇備案，亦即提出2篇內容。

提出2篇內容，2篇都不通過的機率是很低的。可以先提出1篇，被打槍的話，再提出另1篇。

若第1篇通過了，做爲備案的另1篇就能延到下週用；故在接下來的1週內只要再寫1篇，下週也能夠提出2篇。

只要在第1次，和有1篇沒通過的時候，於1週內寫出2篇專欄內容，之後便能順利運作。

所以說，有備案就能夠準時完成。

時間就是成本＝1天是200萬日圓

延遲會產生費用，「時間就是金錢」一點兒也沒錯。

假設，產品的上市時間比預定晚了1天。對公司來說，只要產品還沒上市，就1毛錢都賺不到；而於此同時，公司每天還都會產生開支。

如果公司的固定成本是1個月6千萬日圓的話，延遲1天，該產品的銷售成本就會增加2百萬日圓。

從房租的角度來思考，會更容易理解。

房租不會因為銷量變多就增加，也不會因為銷量變少就減少。就算你什麼都不做，每個月成本都會實實在在地隨時間而產生。

你的腦袋不是為了思考「能不能做到」而存在，而是為了思考「怎樣才能做到」而存在。

別想著「趕不趕得上」，要思考的是「要怎麼做才能趕得上」。

就算是你認為「絕對不可能」的事，也要想想看「用1億日圓的預算也絕對辦不到嗎？」然後逐漸降低預算，分解至實際可行的妥協點。

這樣的思考方式，真的非常重要。

5

成功的人都一定知道10次會有1次法則

執行10次必定能成功1次的理由

「真的只要立即行動就會有成果嗎？」
「不是應該慎選要做的事比較好嗎？」
「應該要三思而後行，不是嗎？」

或許「立即行動」不一定就能「獲得成果」，但只要知道「10次會有

1次法則」，你可能就會改變想法也說不定。

亦即在這世上，「**不論是誰，只要認真做10次，都一定能成功1次**」的法則。

至今我從未見過有誰「認眞挑戰了10次」卻沒成功過的。

以往我一直以爲成功與否主要是和能力有關，但後來我發現，不論能力高低，所有人的成功率都是「如果認眞做10次，其中9次會失敗，1次會成功」。

甚至進一步研究後發現，比別人成功3倍的人，並不是成功率是別人的3倍，而是**執行次數是別人的3倍**。

擔任許多熱門日本電視節目主持人的島田紳助，曾經每天都很認眞地研究「怎樣才能讓自己的節目紅起來」。

而他的答案是「要接很多節目」，以及要出現在各種不同的媒體上。

他表示，「我不知道哪個節目會成功，但只要多接幾個節目，就有一定的機率會成功。所以乾脆別想了，總之努力多接節目就對了。」

於是，他努力的方向便從「想出有趣的企劃」，轉換至「為了能被許多節目採用，要成為對節目的工作人員們來說，好用的藝人」。

其具體行動，便是在每一次的節目錄影之前，都必定預習內容以做好準備。此外，不論自己變得多大咖，對於最基本的事情都努力做到；像是錄影絕不遲到、不酗酒，以及不忘了要體貼節目的工作人員們並不吝與其交流互動等。

結果他不但接到很多節目，也做出了許多熱門節目。

柳井正，迅銷公司董事長兼社長，在其著作《一勝九敗》中陳述該書內容旨趣時提到：「每開始10次新事物，會失敗9次，但正是那1次成功的持續累積，創造了今日的UNIQLO」。

世界是平等的，「不論是誰，只要做10次都能成功1次」。

若是想要成功，那麼現在就立刻認真嘗試10次。

自從發現了這個法則，我便總是立刻著手，並默默地嘗試10次。就算前9次都失敗，最後1次也必定會成功。而且每次都以「這次一定要成功」的態度，去挑戰所得到的結果。

畢竟是以「前9次都失敗」爲前提，即使失敗也沒有對我造成太大的打擊。我只是冷靜地對自己說「第10次會成功」，就這樣持續實現了一個又一個的小小夢想。

為什麼在做到10次之前就會放棄？

明明有這麼簡單的成功法則，爲什麼還是有很多人都無法成功？

其理由有二：一是想太多，無法立刻行動。

另一個理由則是，在做到10次之前就放棄了。

只要能夠做到10次，任何人都可以成功，但絕大多數人都會在做到10

次之前就放棄。

而這些人放棄的理由有三個——

1、挫折感

一旦心裡想著第1次就能順利成功，那麼失敗個2、3次便會大受打擊，立刻就覺得「我辦不到」而放棄。

這時，不要患得患失，請抱著「再怎麼厲害的天才，前9次也會失敗」、「再怎麼平凡的庸才，做到第10次也必定會成功」的信念，冷靜地持續努力10次。

2、沒時間

工作是有期限的。失敗個1、2次，進度就會被打亂，於是還做不到10次便已面臨到時間限制的問題。

由於任何事情都必須做個10次才能獲得成果，因此在安排時程時，應該以比預計多10倍的時間為前提去規劃，要提早著手才行。

3、沒錢了

一旦資金不足，就只好放棄。不管是多麼好的點子、多麼天才的企業家，前9次都肯定會失敗。

一次投入大量資金的做法會成爲致命傷，爲了避免資金不足的問題，就要分10次投入資金。

想要成功就一定要努力10次，而且爲此你必須──

「做好前9次必定失敗的心理準備。」

「以執行10次爲前提，規劃時程。」

「以嘗試10次爲前提，分配資金。」

這樣你就一定能獲得成功！

6

世上處處是機會
別想一次就成功之法則

看得見機會的人和看不見機會的人，差異何在？

讀過「10次會有1次法則」後，有些人或許會覺得「話是這麼說，但還是要看準機會才行吧？」

然而，有些事情是這些人必須要瞭解的，那就是，如果過度期待「一次就成功」，事情很快就會結束。

很多人都以爲「在這世上，有些人會遇到機會，有些人則不會」，而這樣的想法其實錯得離譜。

只有「看得見機會的人，和看不見機會的人」而已。

年輕時的我曾遇過一位創業家A小姐，當時她正準備展開與攝影及影片錄製有關的事業，但這位A小姐從未有過此類工作經驗。

儘管如此，某天有一位即將出道的女藝人，因宣傳片拍攝工作而找上A小姐。我當時覺得這也爲未免太幸運了，想說她一定會接下來才對。

然而，A卻一臉鬱悶地說——

「這機會落到我這個沒經驗的人身上，是有隱情的。其實是因爲該女藝人說穿泳裝拍攝很尷尬，希望能找個女性攝影師來執行。業界內的女攝影師很少，所以像我這樣的外行人才能得到這機會。而且，替藝人拍宣傳影片，根本不是我眞正想做的工作。」

聽了她這番話，我大力反駁——

「沒經驗的你突然就接到商業影片的拍攝工作，這可是如奇蹟般的大好機會。把它接下來，你的作品便能讓大家看到。既可累積經驗，也能做出實際成績，還可藉此建立人脈，或許能因此獲得你眞正想做的工作也說不定。即使不是100%符合你夢想的工作，但也沒有損失。總之，先挑戰看看不是很好嗎？」

後來A小姐還是拒絕了那份工作。

結果一年後，那位女藝人以「療癒系藝人」之姿爆紅，成了無人不知、無人不曉的「話題人物」。而無經驗的A小姐在那之後，再也沒接到任何工作，最後就放棄了創業。

如果當時有接下該工作，或許以「曾拍攝那位藝人的第一部影片作品」的實績爲基礎，A小姐便可大大活躍於影音領域，其人生因此大不相同也說不定。

機會的神籤要抽幾次都可以

前述之拍攝宣傳片的工作，在我看來是個好機會，但A小姐卻不這麼認爲，這樣的差距究竟從何而來？

我曾閱讀許多抓住了機會的成功人士的書籍，甚至直接與他們會面，並進一步研究過「機會」這件事。

我的結論是，差距就在於，是否具有將發生的事認知為「機會」的「思維演算法（思考方式）」。

有些人就是會像A小姐那樣找理由，於是便錯失良機。

看不見機會的人，具有怎樣的「思考方式」呢？

他們總是想著「一次就要成功」。

正如神籤有大吉、吉、中吉、小吉、末吉等，機會也有很多種。

然而，看不見機會的人，總是想要一次就抽中大吉。除大吉以外的全都視而不見，就這樣停在原地，任由時間流逝。

機會的神籤要抽幾次都可以。

若是抽到末吉，就再抽一次；這次抽到小吉，又再抽；結果是中吉，於是又繼續抽。就這樣一直抽下去，最後終於抽到大吉。

其實末吉就已經是機會的開始，端看該本人能否意識到罷了。

走3步便意識到處處是機會的那一刻

機會是平等地來到每個人身邊。

假設有100個機會，成功者會將這100個都認知爲機會。對這些人來說，這世上每走3步就會碰上一個機會。

不過另一方面，也有的人是即使有100個機會卻一個也看不見，又或是只注意到3個。

現在的我由於已培養出對機會的敏感度，導致發現的機會實在太多，甚至有點「不知該從哪個開始下手比較好」的感覺。

我經常在公司內興奮地大叫，「竟然發現了這麼棒的好機會！」而員工們則會擺出有點受不了的表情回應，「唉，又來了（笑）！」

不過，也有部分員工受到感化，會主動跟我報告說：「社長，我發現了一個超讚的機會呢！」

附帶一提，據說軟體銀行的孫正義每3個月就會說1次「10年一度的機會出現了！」

其實在各位身邊，有著無數多的機會。
只等待朝著正中央飛來的完美好球，是打不出安打的。
人生不論是揮棒落空還是打出界外，都不會扣分。
即使不是那麼好的球也要勇敢揮棒，總之，先敲到球再說。

7

能抓住機會的人的習慣
「總是」而非「恰巧」法則

為何能夠一再獲得
只能用「幸運」來形容的訂單

這世上存在著，確實抓住機會的方法。

在漫畫及故事的成功事例中，總會出現以下這樣的情節——

主角替走在行人穿越道上的老太太提行李，結果這位老太太其實是個大富婆，於是富婆便提供金援幫助主角脫離困境，讓主角大獲成功。

我在瑞可利（Recruit）公司擔任業務工作時的同事A先生，就在現實世界中實踐了這種如寓言般的成功事例。他一再地遇到一般人難以想像的好機會。當時，儘管大環境不景氣，他還是陸續談成了一個又一個新的大案子。

於是，不論怎麼努力都沒用的我便向A先生請教，到底是如何接到大訂單的？結果A先生這麼回答——

「我一大早去拜訪該客戶時，看到他們所有的員工都在做早操。員工們全都一副無精打彩、愛做不做的樣子。我一開始只在旁邊看，但看著看著實在看不下去了，乾脆就站到最前面去示範。

結果，平常下午才會出現的社長恰巧那天早上就來到了公司，看到我在示範，便說：『這傢伙挺有趣的，把他帶到社長室。』然後社長對我說：『你這傢伙很有意思，這工作就全交給你吧！』」

這眞的只能用幸運來形容。

當時我心想，就算我也去客戶那裡做體操，大概也無法跟他一樣拿到訂單，所以並未參考這做法。

然而，後來他又接到了不少新訂單，而且接到訂單的原因也都和他的提案內容沒什麼關聯性，令人不得不覺得他也未免太走運了。

那時的我十分羨慕，一直覺得「爲何只有A會遇到這種令人難以置信的好運呢？」

某天突然以26歲之齡當上超一流商社的子公司社長

我和這位A先生一起工作了3年，直到他被挖角到超一流商社的子公司去當社長爲止。

某次A先生去越南旅行時，碰巧在一個村子裡遇到一位正在田裡插秧的老太太。老太太動作慢吞吞的，讓A先生實在看不下去，乾脆捲起自己的褲管直接跑進田裡開始幫起忙來。

過了一會兒，有一群日本人從水田旁經過，看見A便跟他搭話——

「你不是日本人嗎？你在幹麼呀？」

「老太太動作很慢，所以我就下來幫忙。」

「眞是有趣的傢伙。我們公司正準備要擴張到越南，你要不要也一起來幫忙？」

A看了對方遞來的名片，才知道眼前這位原來是無人不知、無人不曉的超一流商社的社長。

於是，A在26歲那年，當上了超一流商社的越南子公司社長。

一旦將「恰巧」變為「總是」，幸運就成為必然

以往我一直以為A先生只是「恰巧」做了某事，偶然被大老闆看到所以獲得賞識。但事情並非如此，其實這些事他「總是」在做。

每次看見動作慢吞吞的人，他就是放不下，總是會出手幫忙。不管對方是誰，他一定會這麼做。就這樣，100次之中偶然有1次就被大老闆注意到了。

若我也和A先生一樣總是這麼做，或許在100次之中也會有1次被大老闆給注意到也說不定，但我並沒有這麼做。A先生則是平常就算沒人看到，也會一直這麼做。

差別就在這裡，並非A先生特別幸運。

不是機會總是只來到A先生身邊，機會是平等地來到每個人身邊，只不過他一直處於「隨時都能確實抓住機會」的狀態。

並非只在「緊要關頭」或「重要時刻」才行動，即使沒人看見，平常就保持禮貌、幫助有困難的人等，可說是確保機會入手的捷徑。

★ 8

面對麻煩一馬當先法則

能夠輕易勝出的方法

一定能成功的方法

只有一種方法必定能獲得成功，就是做「別人做不到的事」。能夠做出成果的人，事實上具有總是在尋找別人做不到的事的「思維演算法」。

很多人誤以為，所謂「別人做不到的事」，指「難度高的事」。

其實，還有另一種「別人做不到的事」，那就是，「**麻煩的事**」。

若能把「難度高的事」和「麻煩的事」兩者都做到，肯定會非常成功；不過，**只能夠做到「麻煩的事」，也會成功**。

能做出成果的人一旦發現麻煩的事情時，會很高興地覺得，「這件事別人肯定不會去做！」

那麼，該怎麼做才能找到麻煩的事呢？

會讓多數人感到麻煩的事物，幾乎都差不多。所以若是自己覺得麻煩的事，多半對別人來說，也很麻煩。

重要的是，**必須徹底接受自己「覺得麻煩」這點**。

做不出成果的人，往往傾向於避開麻煩事。而問題就在於，他們對這點毫無自覺。

即使內心覺得「哇，有夠麻煩」也不願老實承認，而是會找「這種事不需要我來做」、「因爲沒時間，所以沒辦法做」等「不必做的理由」來合理化自己的行爲。他們完全不覺得自己是「因爲麻煩所以不做」，或者「自己很懶惰」。

所以不論是誰，只要能夠把「麻煩的事」完成，就會成功。

在此我以圖解的方式，來說明如何找出麻煩的事。（▼圖表6）

首先，工作有三種：「該做的事」、「想做的事」和「能做的事」。

這三種工作會有部分重疊，而依其重疊狀況可將工作進一步分成以下七種（▼圖表7）——

①該做、想做，而且又能做的事＝最棒的工作
②該做也想做的事＝有趣的工作
③想做，但沒必要做的事＝自我滿足的工作
④想做也能做，但沒必要做的事＝單純的興趣
⑤能做，但沒必要做的事＝無意義的工作

▼圖表6 「該做的事」、「想做的事」、「能做的事」

工作有 3 種

⑥該做也能做的事＝輕鬆的工作

⑦該做但誰也不做的「麻煩事」＝能夠獨自勝出的工作

大多數人都只願意執行「**想做的事**」和「**能做的事**」。

雖為「該做的事」，但並非「想做的事」、「能做的事」的⑦，幾乎會被忽略而晾在一旁。由於這些工作沒有完成，也就無法獲得成果。

只要把這個洞補起來，成果便會自然到來。

①－⑥即使放著不管，也會有人很樂意地主動去做。但⑦一定會被留下，而去完成它的人，就能夠獨自勝出。

▼ 圖表7　該做但誰也不做的「麻煩事」

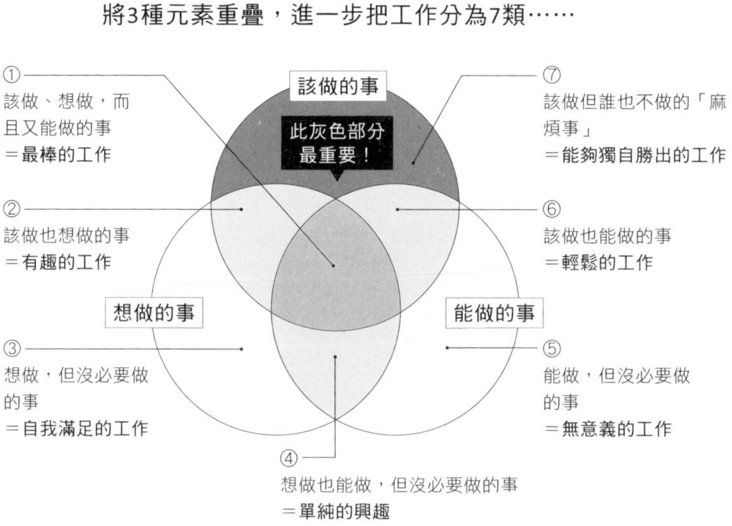
將3種元素重疊，進一步把工作分為7類……
①
該做、想做，而且又能做的事
＝最棒的工作
②
該做也想做的事
＝有趣的工作
③
想做，但沒必要做的事
＝自我滿足的工作
④
想做也能做，但沒必要做的事
＝單純的興趣
⑤
能做，但沒必要做的事
＝無意義的工作
⑥
該做也能做的事
＝輕鬆的工作
⑦
該做但誰也不做的「麻煩事」
＝能夠獨自勝出的工作
該做的事
想做的事
能做的事
此灰色部分最重要！

處理工作時，若能培養找出被留下的⑦，並率先予以完成的「思維演算法」，就能做出別人做不出來的成果。

「面對麻煩一馬當先」的魔法

請把「麻煩就是機會！讓我來搞定」從現在開始當成自己的口頭禪。

想太多，只會冒出很多不必做的理由。

務必養成看見眼前有垃圾的瞬間想著「眞是麻煩」的同時，立刻動手撿起並丟入垃圾桶的習慣。

試著以「面對麻煩一馬當先」爲口號，不論是個人還是團隊，都會立刻大幅成長。

唯有就當被騙也好且確實執行這點的人，才能獲得神奇的魔法。

★★★

9

專業經理人都在執行顧客視角法則

停止成長的人，和持續成長的人的不同之處

其實，很多人即使決定了要做麻煩的事，一旦獲得升遷，就會覺得「我的等級變高了，所以不必做這些小事了。」

很可惜，在這個時間點他們也已停止成長。

能夠持續做出成果的人，也都會持續做麻煩的小事。許多人會以為社長及管理階層「可以把小事交給一般員工就好」，但這是大錯特錯。

事實上，管理職絕大多數的工作，其實都是「把一般員工所忽略的小事撿起來自己做」。

實際上，「小事」與「容易被忽略的事」最具代表性的例子之一，就是「始終」以顧客視角來審視自家公司的產品和自己的工作。

很多商業人士在一開始開發產品或製作廣告時，都會拼命依據顧客需求來進行開發、製作。但接著就會逐漸簡化，變成「依據以前的產品或廣告」來開發、製作。

當這樣的情況一再重複，便會離顧客越來越遠。

因此，爲了能持續獲得顧客的支持、持續做出成果，就必須「始終以顧客視角來審視」。而能做出成果的人，都會親自執行這件事。

UNIQLO社長與軟體銀行社長的改善指示

UNIQLO除了於電視投放形象廣告之外，也透過傳單吸引顧客。

據說，即使成了大企業，傳單的最後審核依舊是由柳井社長親自執行，他會做出如「這件衣服的顏色不夠明確」之類的指示。

軟體銀行的孫社長在進軍手機業務時，首先做的一件事，就是將軟體銀行的所有行動裝置產品都拿到社長室，由他親自檢查操作方式。

聽說，當他指出「這部分的操作很不容易理解」並要求改善時，開發人員回答：「規格就是這樣，沒辦法。」但孫社長則堅持：「這和規格無關，而是對顧客來說很難用，所以一定要修正才行。」

曾有一家速食企業的商品企劃人員，開發了「大熱狗堡」這種商品。也就是在長條形的熱狗麵包裡，夾一根長長的熱狗。由於外觀相當搶眼，便信心十足地催促社長批准其商業化。

然而，當時的社長試吃後表示：「第一口咬不到麵包。」

儘管商品開發人員解釋說：「沒辦法，由於著重外觀上的搶眼程度，所以必須把熱狗做得這麼長。」但社長還是要求改善，他說：「熱狗堡就是要能同時吃到麵包與熱狗才會好吃啊！」

我想，一般消費者很可能也會這麼說。只是一旦被眼前的工作追著跑，往往就會無法意識到顧客視角。

工作並不是「製造」，而是要「傳達」給顧客

許多人在進入公司之前，或者還是新進員工時，都擁有顧客視角。可是在進入公司之後，一旦成了「內部的人」，漸漸就會失去這樣的視角。

這是因爲，員工們漸漸會把「內部的狀況」放到顧客利益之上了。一旦在何時之前必須讓企劃通過、在何時之前必須上市銷售等配合內部狀況的行動成爲目標，那可就危險了。

「無所謂啦」、「有時間表必須照著走，沒辦法」就會變成口頭禪。

如何才能夠工作多年依舊持續保有顧客視角呢？

以我個人來說，我認爲「工作並不是製造產品，而是要將產品『傳達』給顧客」。

換言之，不能只是「製造出很好的產品」，「充分傳達好讓顧客能感受到此產品的優點」才是目的，所以我總是從顧客視角來確認產品。

「專業經理人」在改善營運時有一定的模式

當企業的業績下滑時，爲了重振而從外部請來的所謂「專業經理人」，在改善營運的做法上，往往有一定的模式。

這些專業經理人，首先會親自嘗試該公司所有的產品及服務。

如果是汽車產業，就把所有車款都自行試駕過一遍；如果是零售業，就以顧客身分將所有門市都逛過一遍；如果是餐飲業，那就把所有菜色都嚐過一遍。

於是，從顧客視角看來肯定很奇怪的地方，便會顯露出來。

一旦向現有的員工指出這些問題，如前述的「那是因爲○○所以沒辦法」等「內部的狀況」就會跑出來。

接著，他們便會以「你們內部有什麼狀況我不知道也不想知道。總之，我們要改造公司制度，才能提供可讓顧客滿意的產品及服務。」的說法，開始進行改革。

不論是人還是企業，一旦從「顧客優先」變成「內部狀況優先」，即是衰敗的開始。

因此，需要由完全不受內部狀況影響的外部專業經理人，來徹底剷除公司的這些「內部狀況」。

像這樣的專業經理人的最優秀之處，與其說是制定具突破性的經營策略，不如說是無論如何都能一直保有顧客視角的意識部分。

能持續做出成果的人之共通點

能持續做出成果的商業人士，不僅會以顧客視角檢視，而是當他們以顧客視角檢視時，若發現「不好的」部分，還會當場指出來，並持續要求改善，直到完美爲止。

多數時候，發現並指出奇怪之處是大家都會做的。可是當同事或下屬找理由不改善，或是開始抱怨時，很多人會覺得若再堅持下去恐怕太討人厭，便選擇放棄。

身爲一般員工時或許一流，一旦成了管理階層或經營者就做不來的人通常都是如此。

能持續做出成果的人，並不會就此放棄。

若同事或下屬不願意做是因爲「比起你說的方式，我認爲這樣的方式對顧客來說更好」的話，那麼你應該要傾聽其意見並好好討論。

然而，如果不做的理由是「我都這麼努力了，你竟然還要我重做」的話，那就必須要求他重做才行。

對顧客來說，有多大幫助甚於有多努力

在工作上，重要的是「對顧客來說，有多大幫助」，而不是自己「有多努力」。

因此，對於以後者爲理由的人，於感謝對方付出努力的同時，還是必須要求他重做。如果他不重來，你就得自己動手執行。

即使員工們都覺得我「過度仔細」、「太囉唆」，我依舊深信「最重要的是讓顧客滿意」。

我始終認爲必須教導員工「工作的重點不在於拼命努力，而是對顧客有幫助」，如此才能讓員工有所成長。

★★★

10

讓「弱點」變「強項」活用異性超能力法則

一流的人不靠本能生存

儘管個人差異當然也是有，不過一般來說，男性與女性在「強項」和「弱點」方面，往往具有不同的傾向。

多數男性都不擅於「詢問他人」，對於要「直接」詢問其他公司、別的部門、顧客等平常沒有習慣與其溝通的對象，很多人都會覺得麻煩。

因此，總會想辦法避免打電話等直接的溝通方式，而選擇用電子郵件來解決，所以就會花費比較多的時間。

此外，男性擅長專注於單一任務，多數都難以應付多項任務同時進行的情況。而且比起女性，草率隨便的人也比較多。

另一方面，則是有較多女性覺得要有邏輯地統整事物、要有數字做爲依據等很麻煩。

曾有位員工對某項商品大讚「這個超棒的」，而當我一個月後再針對該商品詢問其意見時，卻得到「一點也不好」的回答。我便進一步詢問理由，卻還是得不到合乎邏輯的解釋。

在報告事情時，女性往往很具臨場感，能以豐富的情感傳達，但偏向「主觀及情緒」，多數時候都「缺乏數字」的支持。

不過，男性的一流商業人士很多都具備細膩的感性，不僅擅於詢問他人，也能同時處理多項任務。

而女性的一流商業人士不僅能夠以邏輯思維來判斷，也能以數字爲依據提出報告。

不論男女，一流的人並不順著本能的傾向生存。他們理解自己的本能，懂得控制自己，具有該克服就去克服的「克己心」。

活用異性超能力的方法

努力克服自己在本能上的弱點的同時，對於別人的本能，也要盡可能利用其優勢才好。

如果你是主管，肯定也曾煩惱過要分配怎樣的工作給下屬。

有些自己努力了半天也做不到的事，異性卻能「唰」地一聲就完成。

某天我就意識到了，有很多事情是身爲社長的我再怎麼努力，都無法像今天剛進公司的女性新進員工做得那麼好。

例如：我很不擅長同時進行多個簡單的任務。多項任務一旦逐一進行，不論難度如何，都需要花比較多時間。

有多個簡單的任務時，委託女性處理，往往都能以比我快上好幾倍的速度完成。

會討論「如何讓女性具有戰力」之類議題的公司，幾乎都是因爲只從男性觀點檢視。

若從整體的角度來思考，依據業務性質不同，其實很多時候女性才是具備壓倒性戰力的一方。

此外，很多男性不論面對什麼樣的工作，只要「先綜觀全局並釐清目的↓一邊掌握自身定位一邊訂定計畫↓經過一段時間的準備後再開始」的話，往往就能做得很好。

只不過，在做大型或長期的專案時，這種做法很合適；但面對必須「邊做邊想」、「總之先完成眼前的工作」等匆忙的情境時，可就沒辦法這般慢條斯理了。

於是，我便試著把緊急的工作交給女性，把長期的工作交給男性。結果，一切都變得非常順利。

規模相對較小的公司，基本上是「比起長期的專案，完成眼前的工作更為重要」。

因此，小規模的公司很多都以女性爲中心，女性員工非常活躍。只要充分運用異性的優勢，也能爲公司內部帶來加乘作用。

第 2 章

總能達成目標者的思維演算法

★★ 11

實現事物的思考方式「消除原因思維」與「最終目標倒推思維」法則

什麼是「消除原因思維」與「最終目標倒推思維」？

本章要介紹的是，總能達成目標的人的「思考方式」。

首先，當發生問題時，有兩種解決辦法。

一是，思考原因並消除原因的「消除原因思維」。

二是，從最終希望達成的目標來倒推思考的「最終目標倒推思維」。

讓我用個簡單易懂的故事來解釋——

假設，有個比賽規定只要在24小時內，從起點出發並抵達終點，就能獲得100萬日圓，而且要挑戰幾次都可以。起點與終點之間有A、B、C共三條道路相連，每條路上都有擋路的岩石存在，很難輕易通過。

第一個參加比賽的是X先生。經調查後他發現，擋在B路徑上的岩石最小，他認爲「應該可以自行搬開」，於是便選擇了B路徑。沒想到岩石比他預想的還大，根本搬不動，結果X先生第一次的挑戰便以失敗告終。

X先生思考了自己「失敗的原因」。

思考原因並消除原因，這就是「消除原因思維」。

X先生結論出失敗的原因是，「肌力不夠，無法搬動岩石」。經過兩個月的肌力訓練後，又再次挑戰，但第二次他依舊無法搬動岩石。

在思考解決辦法的過程中，他發現有個健身房專門訓練人搬移B路徑上的岩石。去了該健身房便看到，很多人都爲了能搬移B路徑上的岩石而積極地鍛鍊肌力。

其實這景象，就是整個世界的縮影。失敗的人們，總是爲了消除失敗的原因而拼命努力。

擁有「消除原因思維」的人們，是如何行動的？

下一位挑戰者是Y小姐。Y小姐也是看中B路徑上的岩石最小這點，而選擇B路徑，但同樣無法自行搬動岩石。

這時，Y小姐注意到「比賽並未規定參賽者必須單獨搬動岩石」，於是就雇了人來再次挑戰。可是雇來的5個人並沒有如預期般發揮作用，第二次的挑戰也失敗了。

Y小姐認爲失敗的原因，是「自己的領導力不足」。

在思考解決辦法的過程中，她發現有個領導力研討會「專門教人如何組織團隊以搬移B路徑上的岩石」。花了大錢報名該研討會，達會場一看，有許多人都爲了能搬移B路徑上的岩石而積極地學習領導力。

而這景象也是整個世界的縮影。

人們都用「消除原因思維」不斷地反覆嘗試著。

「最終目標倒推思維」的三個步驟

第三位挑戰者Z先生，則活用了「最終目標倒推思維」。

「最終目標倒推思維」是什麼樣的思考方式呢？

1 確認「最後只要變成怎樣的狀態即可」，亦即釐清最終目標。

2 以「著眼法」和「訴苦法」來尋找達成最終目標的方法。

3 選擇最簡單的方法來實現目標。

Z先生首先釐清了這個比賽的最終目標，是「在24小時內抵達終點，並不是搬動B路徑上的岩石」。

達成目標的工具「著眼法」及「訴苦法」是什麼？

Z先生以「著眼法」和「訴苦法」來尋找達成最終目標的方法。

以本例的故事來說，所謂的「著眼法」就是效法成功案例。

於是，Z先生找了「在24小時內抵達終點而成功獲得100萬日圓的人」，並詢問對方是怎麼抵達終點？對方回答：「坐直昇機去的。」

從起點到終點坐直昇機大約3分鐘，而直昇機的租用費爲3萬日圓。

接下來是「訴苦法」。

在此，要以「需於24小時內抵達終點」爲前提，試著思考會有哪些問題存在？

以本例來說，「搬移岩石」並非必要，爬上岩石翻越過去也是可行的。依據這樣的觀點來重新審視三條路上的岩石形狀，發現C路徑的岩石是最容易攀登的。

由於用「著眼法」和「訴苦法」找出的答案不同，所以就選擇能較輕鬆達成目標的方法。坐直昇機和攀爬C路徑上的岩石這兩種方式，顯然是坐直昇機比較輕鬆。

在本例中，Z先生選擇乘坐直昇機。他沒去鍛鍊肌力，也沒去學習領導力，而是爲了賺取3萬日圓的直昇機租用費，跑去打工。然後拿著打工賺來的3萬日圓坐上直昇機，成功抵達終點（▼圖表8）。

▼圖表8 X和Y的「消除原因思維」，以及Z的「最終目標倒推思維」

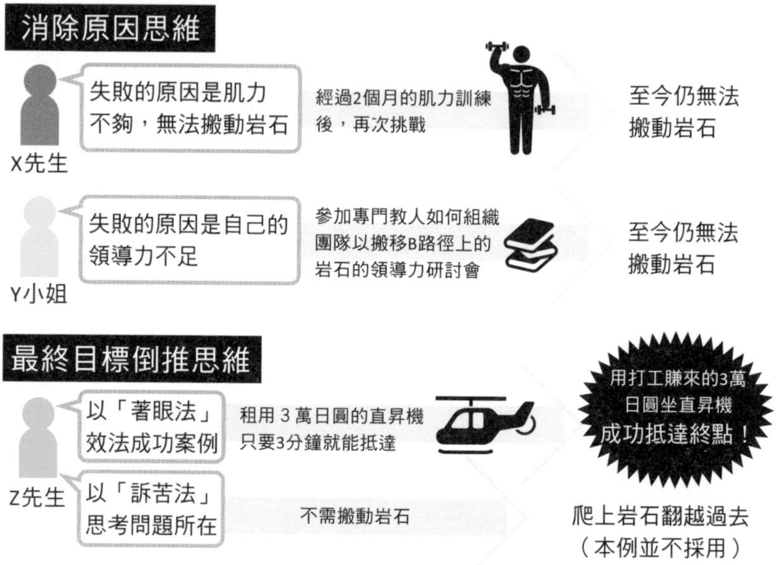
消除原因思維
失敗的原因是肌力不夠，無法搬動岩石
X先生
經過2個月的肌力訓練後，再次挑戰
至今仍無法搬動岩石
失敗的原因是自己的領導力不足
Y小姐
參加專門教人如何組織團隊以搬移B路徑上的岩石的領導力研討會
至今仍無法搬動岩石
最終目標倒推思維
以「著眼法」效法成功案例
Z先生
以「訴苦法」思考問題所在
租用3萬日圓的直昇機只要3分鐘就能抵達
用打工賺來的3萬日圓坐直昇機成功抵達終點！
不需搬動岩石
爬上岩石翻越過去（本例並不採用）

成功人士的出現確實會成爲新聞，然而其成功方法卻是未被揭露的。

那麼，跑去健身房及領導力研討會的X先生和Y小姐，會如何認知Z先生的成功呢？

X先生和在健身房裡的人們會認爲，「Z先生肯定是個肌力超強的壯漢」，便更加積極地努力鍛鍊。

而Y小姐和那些參加領導力研討會的人們則會認爲，「Z先生肯定是具備卓越領導力的的優秀人士」，就更加努力地培養自己的領導力。

實際上，Z先生並沒有強大的肌力，也不具備領導力。

你所崇拜的成功人士，其實和你並沒有那麼不同，只是「思維演算法」不一樣而已。

很多人都因爲自以爲是的主觀想法，而特地去選擇難度高的做法。

這正是整個世界的縮影啊！

你以為的原因，有時可能根本什麼都不是

再舉個例子，假設有一對情侶，其中一人走居家路線，喜歡打電動、追劇等，但另一人則走戶外路線，喜歡接觸大自然、從事運動等，兩人經常爲了假日要怎麼度過而起爭執。彼此都很煩惱，覺得「不知該怎麼做，才能讓對方理解自己的興趣、喜好？」

換言之，就是陷入了「消除原因思維」。

若能改變想法，以「最終目標倒推思維」來思考，就會知道目標其實不是「對方能夠理解自己的興趣、喜好」，而是「兩個人開心地度過假日時光」。

以「著眼法」找出「雖然興趣不同，但假日總是能一起開心度過的情侶」，並詢問其相處方式，結果得到「我們約定了由雙方每週交替提議活動方式」的回答。

也就是說，某一週由對方配合自己的興趣，接著下一週便改由自己配合對方的興趣。

據說，每兩週一次跟著對方從事對方喜歡的活動，漸漸就能理解彼此的興趣，也能夠體會其中的樂趣所在。不過，也沒必要非理解不可。至少每兩週一次讓對方跟著自己一起進行自己喜歡的活動，所以雙方都能開心地度過假期。

你本來以為的原因，其實根本什麼都不是。只是沒找到兩人一同享受假日的方法而已。

發生問題時，一旦試圖消除「原因」，很可能會陷進迷宮裡。

大家以爲的原因，有時可能根本什麼都不是。

X先生認爲肌力不夠，Y小姐以爲領導力不足，其實根本都不重要。

這世上既順利又成功的人，總是會不斷重新評估目標，持續尋找到達目標的最短路徑。

透過這樣的「思維演算法」，你就能夠持續獲得10倍的成果。

人類為何能夠登陸月球？
因有目標才能達標法則

若是順利500%、1000%的成長，都可以是理所當然

正如前一個法則所說的，思考原因並消除原因，就是所謂的「消除原因思維」。

而決定想達成的目標，然後採取行動以達成目標，則是「最終目標倒推思維」。

當原本很順利的事情變得不順利時，亦即在爲了「復原」而解決問題的情況下，就適合採取「消除原因思維」。

然而，就挑戰新事物時的問題解決而言，比較適合採取「最終目標倒推思維」。

以設定目標的情況爲例——

「現在是○○，所以目標爲××」，像這樣以「消除原因思維」所想出的「目標」，並不是目標，而是「預測」。

另一方面，從「希望變成○○」這樣的理想形象倒推的方式，就是「最終目標倒推思維」。

前者的成長上限爲120％，但後者就連500％、1000％的成長都不是夢。

將來想成爲職業棒球選手的孩子，絕對無法靠著「消除原因思維」而成爲職棒選手。

這世上的成功，99%都是充分發揮了「最終目標倒推思維」。

達成年銷售額100億日圓的方法

距今5年前，我們公司的營業額是20億日圓。爲了達到20億日圓，花了我們15年的時間，因此以「消除原因思維」，從「現在的顧客」、「現在的商品」爲起點，在今日的延長線上思考，算起來要達到100億日圓得花上60年的時間。

我訂定「100億日圓」這個目標時，心裡想的是要以新方法來塡滿80億日圓的差距。

因此，我意識到必須開拓「新的商品、新的顧客」，而不能以「現在的商品、現在的顧客」爲基礎。

由於在原本20億日圓的營業額中，有1項商品就佔了10億日圓的銷售額，所以我打算依相同的模式，再做出8個也能達成10億日圓銷售額的全新商品。

爲此，我們將公司業務進一步細分，建立起系統化的產品開發制度，也改變了吸引顧客的方式。

以前一切都交給廣告公司，後來變成由公司內部處理廣告投放，自行調整投標與廣告製作等部分。然後透過「思維演算法訓練課程」，逐漸將「思考方式」安裝到員工的腦袋裡。

結果，只用5年的時間便達成了銷售額100億日圓。

人類第一次飛上天空是在一九〇三年。在美國的北卡羅萊納州小鷹鎮，由萊特兄弟的弟弟奧維爾所操縱的飛行者一號，成功飛行了12秒鐘，約莫36公尺，這是人類首次成功的動力飛行。

而短短66年後，人類就登上了月球。

史上第一次登陸月球是在一九六九年，由NASA（美國航太總署）的阿波羅計畫所發射的阿波羅11號達成。

「登陸月球」與「太空殖民地」兩者間的決定性差異

在這歷史性壯舉的背後，是「目標設定」。

約翰．甘迺迪總統的兩次演說，激發了人們對阿波羅計畫的支持。

其中一次，是在一九六〇年代，針對宣布將實現載人登月計畫的政府官員們所做的演講。一九六一年五月二十五日，甘迺迪總統爲了全力取得預算，在參眾兩院的聯合會議上，以「與國家當務之急有關的特別議會演說」爲題，發表了演說。

另一次，則是在一九六二年九月十二日，以全體國民爲對象，發表了以「We choose to go to the moon.（我們選擇登月）」這句聞名世界的名言公開演講。當時的演說會場，也就是萊斯大學的萊斯體育館，被熱烈的歡呼聲給包圍。

此後，美國政府便積極投入鉅額預算，展開了阿波羅計畫。終於在一九六九年，由阿波羅11號首次將人類送上月球，並對全世界進行前所未有的實況轉播。

若是採取「消除原因思維」，肯定會在某處陷入僵局，結果終究上不了太空。

飛機是靠空氣的浮力，所以無法在太空中飛行。若基於「消除原因思維」而認眞思考，如何在沒有空氣的地方獲得浮力，也無法解決問題。

採取「最終目標倒推思維」，意識到必須想出完全不一樣的方式，才能在沒有空氣的太空中飛行，進而著手開發「火箭」這種不在飛機的延長線上的飛行物體。

從那時起算至今已超過50年，但人類還未超越月球。

一九七九年在日本開始播出的熱門卡通《機動戰士鋼彈》，其所設定的故事背景，是從二〇四五年起，人類便開始居住於太空殖民地。

既然只花了短短66年的時間，就從飛機進步到登陸月球，說不定他們是認爲從播出起算的66年後，亦即到了二〇四五年便進入居住在太空的時代，也並不奇怪。

儘管伊隆・馬斯克發表了火星移民計畫，但距離實現似乎還需要不少時間，這是因爲沒有設定明確的目標。

達成目標的簡單法則就在這裡。

★★ 13

戰略就是將戰鬥忽略
找原子筆不如找鉛筆法則

什麼是戰略？

所謂的戰略，就如其字面意義，是指「將戰鬥忽略」。

重點在於，「如何忽略不確定的部分」。

人總是會不知不覺地開始思考，「該如何把不確定的部分給好好確認下來呢？」

然而，能做出成果的人並不這麼做，他們多半會選擇「避開不確定的部分，以別的來補足」。

當你詢問事業成功的社長：「我們公司在這部分一直都進展得很不順利，貴公司是怎麼做的呢？」

對方很可能會回答：「我們不把時間和資金，花在難度高又不確定的事情上。」

反之，觀察那些不成功的公司就會發現，他們往往會將時間和資金花費在困難的部分，很多時候都偏離了所謂「將戰鬥忽略」的本質。

現在做的工作是否有「研發原子筆」之嫌？

有個與探索外太空有關的寓言故事，令我印象深刻。

原子筆在無重力狀態下，由於墨水無法到達筆尖，因此無法在外太空書寫。於是NASA的優秀科學家便花費10年的歲月與120億美元的費用，反覆研究開發出，不論在無重力狀態下、上下顛倒時、在水中、在零度以下，還是在高溫環境等，都能夠書寫的原子筆。據說俄羅斯（蘇聯）則是用了鉛筆。

關於此故事還有很多不同的說法，像是「NASA投入鉅額研發費用是個錯誤」、「實際上眞的有能在無重力狀態下書寫的原子筆」、「無法確定俄羅斯是否眞的用了鉛筆」等。

不過，我個人是把這則寓言，視爲一個在短時間內獲得最大成果的教訓。我總是會注意，「現在做的工作是否有NASA研發原子筆之嫌？是不是某處其實就有鉛筆可用？」

有能力但做不出成果的人，很多都是在研發原子筆。

要向「有成果的人學習」，而不是向「有能力的人」學習。

有成果的人，多半都已經在使用鉛筆，不會把時間浪費在研發原子筆。只要向有成果的人請教其做法，就會發現自己其實在無意中開始研發起了原子筆呢！

別因致力於困難的事情而感到得意自豪，去找支鉛筆就好。

★★★

14

能提供更大價值的咒語
歸零思維法則

讓急速成長成為可能的「歸零思維」

要能夠做出成果，就要培養隨時可使意識回到起始點的基礎，接著再思考的「歸零思維」。

即使是已經在經營事業的人，也要於經營眼前事業的同時，不斷地思忖：「現在要從零開始創業的話，做什麼最容易成功？」

如果是和現在不一樣的事業，就思考「拓展現在的事業」和「轉往新事業（修正路線）」兩者，哪個能在短時間內成功，然後選擇似乎較快的一方。

假設，想從營業額10億日圓的公司，做到營業額30億日圓。

多數人都會試圖以拓展目前事業的方式，來達成30億日圓的營收。

然而，若是採取「歸零思維」的話，則應該要思考「將目前的事業做到30億日圓」，和「放棄目前的事業並從頭創業，建立出營業額30億日圓的公司」，兩者哪個能較快達成？

以今日這般創新頻繁的環境來說，比起將一成不變的事業從10億日圓拓展至30億日圓，跟上商業的潮流從頭開始或許會比較快。

捨棄以往的做法，重新換一種新方式，通常都比較快。

我本來做的是販賣螃蟹及哈蜜瓜等，北海道特產的網路銷售事業。後來聽說朋友的公司所採取的「定期訂購模式」大獲成功，我便向那位朋友請教了定期訂購的生意做法，試圖仿效一番。

所謂的定期訂購，就是讓使用者持續購買商品的一種銷售模式。

一開始，我們是在既有事業的延長線上，設計出北海道特產的組合包，並以會員福利的形式，也就是每個月都會寄送該月份的當季特產組合包，來鼓勵大家定期購買。

只不過，要收集各式各樣的食品，並同時寄送出去眞的相當困難，經營得非常辛苦，畢竟每種食品的保存溫度範圍和有效期限都不一樣。

毅然決然地脫離家業後，一飛沖天的女性故事

就在艱苦得令人快要放棄之時，我遇到一位接手父親生意的女性。她

和我一樣，也是在同一時期學到定期訂購的商業模式。

這位女性突然就脫離家業，宣告要白手起家，開始做起減肥相關商品的定期訂購生意。結果她的新事業一飛沖天，營業額轉眼間就超越了我們公司。

仔細觀察其營運後，我意識到與其以北海道的特產繼續做定期訂購生意，不如設計出適合定期訂購模式的新商品。

於是，我便開始販售以Oligo寡糖爲原料的健康食品。以該商品展開定期訂購的事業後，在幾年內，我們公司就成功上市了。

像這樣，爲了獲得成果，必須養成始終採取「歸零思維」的習慣。只要記得隨時注意，到底是「想做出成果？」還是「想做現在的工作？」即可。

不需要因爲「都努力這麼久了」，而執著於現有的事業。

別被「沉沒成本（Sunk Cost）」給愚弄了。

所謂的沉沒成本，是指過去付出且已無法收回的成本。在進行未來的決策時，不考慮沉沒成本而只考慮今後的損益，才是合理的判斷方式。

獲取未知可能性的咒語，「對自己的提問」

只簡單地以「放棄目前的事業並轉型」一句帶過，或許聽起來很沒血沒淚。但所謂的事業，就是為這世界提供價值。

因此，請試著從「轉移至能為世界提供最大價值的事業，才是為了這個世界好」的角度思考。

當我把公司的主要事業從北海道特產換成健康食品時，熟識的朋友當中，甚至有人批評我說：「只要能賺錢，你竟然什麼都好啊！」

那時我眞實地感受到，健康食品賣得比北海道特產更好這件事，表示健康食品更受顧客們喜愛，對這世界來說更有用。

顧客只為有用的東西付錢，而銷售額就代表了顧客的滿意程度。

我們要把自己的力氣集中在，最能讓顧客滿意的工作上。

請各位安裝所謂「總是從零的基礎思考」的「思維演算法」，持續不斷地問自己——

「目前的做法，稱得上是最能爲這世界提供價值的方式嗎？」

「是不是還有別的方法，能夠創造更大的價值呢？」

★★★

15

始終安裝最新應用程式
替換武器法則

以同樣的方式，工作會被時代淘汰

我們從創業起算，花了20年的時間，達到100億日圓的年營業額。

但也有別的公司從創業起算，短短3年就達到年營業額100億日圓。

向這些公司請教其做法後發現，我們公司所遇到的困難，他們往往都沒經歷過。

科技隨著時代持續進化，新的策略及戰術也不斷誕生。

在二〇〇〇年時，使用電腦進行網購是常態；不過自從二〇〇八年智慧型手機問世後，就換成了用手機網購。

剛創業時，我們的系統只支援電腦，漸漸地也開始導入支援智慧型手機的系統，兩者同時並行。但在智慧型手機成爲主流之後才成立的公司，打從一開始就導入專門針對智慧型手機設計的簡易系統。

此外，我們公司的業務系統是自行建構的，但近年只要將簡單的工具組合起來，便能輕易建構起系統來。

或許就因爲有著這樣的歷史背景，所以當我詢問相對較新的公司成員：「我們公司正困擾這種問題，你們是怎麼處理的呢？」，還曾遇到對方一臉驚訝地反問：「會有這種問題喔？」

一旦只埋首於眼前的工作，便無法留意到可達成目標的新方法正在不斷地誕生。

請務必小心，既有的策略與戰術或許已經逐漸過時也說不定。

以「要怎麼拍，看起來才好吃」的想法讓銷量增長

回想起來，我曾有過以下這樣的經驗——

剛開始做網購生意時，以往一面倒地透過平面媒體銷售的大型郵購公司，也都紛紛進軍網路購物事業。儘管周遭都很看好，但實際上進展得並不順利。

不順利的原因有很多，其中一個主要問題，就出在「照片」上。

原本以平面媒體爲主的郵購公司，都用以往的做法來刊載照片。

以螃蟹來說，當時的標準做法是拍下整隻螃蟹的照片，然後再將浪花影像合成於背景。

這其實對銷售沒什麼幫助。

大型平面媒體郵購公司的購物網站，是以「禮品型錄」的邏輯來製作的。所刊登的不是「看起來好吃」的照片，而是「能看出規格」、「能展現高級感」的照片。

我這個外行人則是想著「照片要怎麼拍，看起來才好吃？」於是便拍了剛煮好冒著熱氣的螃蟹照片、蟹肉即將被放入口中那一瞬間的照片等，刊登在網站上。

由於沒成見，也不曾有過前例，故能從使用者的觀點來思考可能的最佳做法，並予以實行。

結果我所拍出的照片，比較像是餐廳的「菜單」，反而引起了顧客的共鳴，促成了購買行動。

當我跟身經百戰的大型平面媒體郵購公司的人們提到這件事時，得到的回應是：「我們當時沒想到這點。」

此類經驗的共通之處在於，正因為沒成見，也不曾有過前例，所以能夠持續從使用者的觀點來考慮最好的方式。

換言之，戰鬥方式必須持續變更為最新的型態才行。

用進化的武器，準備迎接新的戰鬥方式

回顧日本歷史，長矛被用於戰鬥並因而取得豐碩戰果，據說是在南北朝時代。直到鎌倉時代中期為止，都是以騎馬武士的個人戰為主流。但隨

著長矛的普及，以農民爲主力的足輕部隊登場了，戰鬥便從個人戰轉移至團體戰。

於是，在運用足輕部隊及長矛的武將之中，便誕生出了以統一天下爲目標的戰國大名。

此外，槍枝的出現也大大改變了歷史。

正是不受限於過去的戰鬥方式及武器，能夠認知到槍枝的威力，而大量引進的武將得以取得天下。

別以爲這只是歷史故事而已，在商業上，這也還是**現在進行式**。

請試著回想一下，「在24小時內抵達終點就能獲得100萬日圓」（▼P119）的例子。

有那種執著於肌力而持續鍛鍊的人、執著於領導力而持續學習的人、利用直昇機速速抵達終點的人，即使你沒注意到，但身邊也一定存在著類似的事情。

爲了毫不費力地獲得成功，請活用「最終目標倒推思維」。

此外，也要持續研究新的戰鬥方式。

一旦聽說有哪個人事業發展順利，我都會徹底蒐集相關資訊，立刻吸收、採納其做法，並馬上行動，這非常地重要。

16

容易有感才能夠達成
日期數值化法則

「日數」比「月數」更容易令人有感的理由

即使已訂定目標，如果難以讓人有感，那就會變成單純的願望。訂定目標時，要用「容易令人有感的數值」來訂立。透過良好的目標設定，能讓日常的行動發生變化，達成飛躍性的成長。

那麼，容易令人有感的數值，究竟是指的是什麼呢？

舉例來說，比起「人生有80年」，想成「人生有2萬又9220天」，會讓人更強烈地感覺到「人活著就要珍惜每一天」。

同樣道理，將達成目標的期限，設定爲「66個營業日後」，而非「3個月後」，就能更具體地思考時間的運用方式。

一旦換成天數，便會意識到「意外地時間並不多」、「不立刻行動會來不及」。

「本週內」或「本月內」之類的期限設定，很難讓人想像「剩下幾天」、「今天要做什麼」，這樣是無法達成目標的。也別想著「今天下班前完成」，而是要想成「在7個半小時之內完成」。

達成的期限長短也很重要。

設定成「今年內」的話，就會覺得好像時間還很多，沒有急迫感。

設定期限時，再怎麼長也要在「90天以內」。而目標數字不要以「月」或「週」爲單位，要分解到「日（天）」才容易令人有感。

例如：比起「月銷5萬個」，設定成「日銷1666個」會更好。以月份爲單位來設定目標時，很容易產生「之後總會有辦法達成的」、「月底再一舉反敗爲勝」之類掉以輕心的想法。

這樣一來，最終只能粗略地判斷是否成功賣出5萬個，1個月也只會有1次改善的機會。

另一方面，以日（天）爲單位設定目標時，除了每天都可以追蹤、掌握進度外，如果出了問題，天天也都能夠改善。因爲無論如何，1個月就是會自動產生出30次的改善機會。

一眼就能看清團隊進度的方法

目標數值必須處於隨時都能被看到的狀態，也就是要**建立24小時都能讓人意識到目標的環境**。

請將目標數值、剩下的天數貼在牆上試試。**如果是團隊目標，就要將每個人的進度都視覺化，達到一目瞭然的程度**。

不論是實體的白板，還是網路上的公司內部系統都好。總之，要建立能讓全體成員都可清楚掌握「目前處於什麼狀態」、「進展是否順利」、「距離達成目標還剩多少」等資訊的環境。

這就和在棒球賽中，所有隊員都能掌握局數、得分、出局數、球數、跑壘者的狀況等資訊是一樣的。

正因爲所有隊員都掌握了狀況，才能夠有適當的團隊合作表現。

若不將目標、進度視覺化，僅靠著負責人員個別報告的方式，不僅無法即時掌握「進展是否順利」，有時還會導致某些人因計算錯誤的問題，以致於無法正確地變更或修改策略。

產品開發時程，也是從上市日期倒推以自動化

我們公司建立了一個系統，能將產品開發時程「可視化」。只要輸入開始日，便會自動顯示出，到何時爲止？該做些什麼？

一個化妝品的開發要費時1、2年，在此期間，必須同時進行各式各樣的工作。

舉例來說，若是於二〇二二年十月十一日開始專案，系統便會自動將上市日期訂在大約兩年後的二〇二四年十月十一日。

在產品上市前，我們公司會先由全體員工進行試用，因此必須在上市日期的至少1個月之前就交貨完成，故產品的交貨日爲九月十一日。而爲了要在九月十一日交貨，就必須把內容物填充至包裝內，這要花1個月的時間，所以包裝的交貨日訂在八月十一日。然後防腐效能（品質）檢測與

評論員測試要花3個月時間，故其開始期限爲五月十一日。如此一來，1個月前的四月十一日就必須開始招募商品評論員。

- 上市日期：2024年10月11日
- 產品交貨日：2024年9月11日
- 包裝交貨日：2024年8月11日
- 防腐效能（品質）檢測：2024年5月11日
- 評論員測試：2024年5月11日
- 開始招募商品評論員：2024年4月11日
- 專案開始：2022年10月11日

就像這樣，各個程序的期限會自動顯示出來，而負責人員就一邊看著整體程序，一邊各自於期限之前完成自己的工作。

在還沒有這個系統前，都是一個程序完成之後，才開始下一個程序，所以總是處於「不知何時才會完成」的狀態。當分析過實際的作業資料後，我們便決定採取讓期限自動顯示出來的做法。

日數是以營業日（除週六日及國定假日以外）來計算。

由於經常聽到「因為遇到黃金週，所以延遲交貨」、「因為中間夾著新年假期，所以延遲交貨」等說法，既然連假是事先預期得到的，乾脆一開始就把這些假期也都納入時程表。

這時，不能想著1年＝365天。以營業日來計算的話，一年並沒有那麼多天。如果是週六、週日都休息的公司，一週5天×4週，再把國定假日也扣掉，1個月差不多是21、22個營業日。

實際上，二月份的日數本來就比較少，再加上新年假期及暑假*等，導致營業日變得更少，1年只有240天左右。

我們公司八年前開始為每個產品的時程管理引進自己的系統，由產品開發部門的負責人員進行管理。從最終交貨日開始倒推，可於確認各個程序進度的同時，執行各項任務。

當有某個程序因延遲而變更日期時，便會留下變更記錄，因此也能清楚知道時程管理到底做得好不好。

任何工作都有期限，要持續控管在何時之前，必須完成什麼工作。

這種做法也經常用於經營計畫上。

例如：創立新事業，並以3年後達成營業額10億日圓爲目標的話，就必須訂定2年後達到〇億日圓，而1年後達到〇億日圓之類的計畫與時程管理。若中途發現以目前的作戰方式無法達成目標，那就必須改變策略。

就像這樣，透過良好的目標設定，能讓日常的行動發生變化，達成飛躍性的成長。

每天都如此實行的人，必定能持續做出成果。

注解：日本人有在夏天休長假的習慣。

★★

17

每次都能達成的人都在實行
保持達成率100%法則

無法達成的人，
每次都在做的「碰運氣」大冒險

面對目標，有的人「有時能達成，有時不能」，也有的人「每次都必定能達成」；而這兩種人具有完全不同的「思維演算法」。

首先，讓我們從「有時能達成，有時不能」的人開始說明。

這種人，多數時候會說：「策略A若執行順利就能達成目標，所以一定要做」。

當再進一步深入解讀，便會發現這意思其實是「策略A若執行不順利，就無法達成目標」。

其中「一定要做」是指「一定要執行策略A」的意思，並非「一定要達成」的意思。

若採取這種思考方式，就算達成了，也只是「碰巧」。下次還能不能達成，就得要「碰運氣」了。

有時能達成、有時不能的人是這樣想的：「這次之所以無法達成，是因爲策略A執行不順利，但不順利的原因是外部因素，不是我的責任。我已經做了所有我該做的事，因此沒有遺憾。」

也就是「靠運氣」、「別人的錯」、「自我滿足」的思維。

其實，「〇〇若執行順利就能達成」並不是策略，而是「賭博」。

每次都能達成的人之「思維演算法」與三個步驟

另一方面，「每次都必定能達成」的人，則具有下列這樣的「思維演算法」。

策略A執行順利的機率為25%（感覺上很OK），因此，同時再準備一個能填滿剩餘75%的策略B。又或是再準備機率各為25%的策略C、D、E等三個備案，以填滿剩餘的75%。

每次都必定能達成的人所說的「一定要做」，是指會準備達成機率合計為100%的策略。因此，這些人會花很多時間和力氣，在實際工作之前的「策略規劃」上。

在思考策略時，他們會以如下的三個步驟依序進行——

1 用「著眼法」（▼P122）思考。搜尋別人的成功方法、向成功人士請教。

2 分「二階段」思考。若一開始就在預算及權限的限制範圍內思考，會使大腦受限，導致策略過於狹隘。因此，要先針對難度高的課題，思考「若預算及權限都毫無限制的話，該如何實現？」若覺得很難想像，那就試想「預算1億～10億日圓，且和社長擁有同樣權限的話，要怎麼做？」接著，針對所想到的方法，進一步思考「如何把預算及權限縮小到實際的範圍內？」

3 隨著局勢每天不斷變化，確認「達成機率還差多少才足夠」的同時，補充不足部分的策略。若是等到策略失敗後才急忙思考「新的策略」，會非常痛苦。必須備好100%的機率才行，這樣就只需要追加失敗的部分。

以「1天1次的策略改善」，檢討策略60次的優勢

持續確認進度的同時，若發現「再這樣下去會無法達成」的話，就要立刻放棄目前的工作，重新擬定策略。

明知再這樣下去會無法達成，還繼續採用現在的做法是毫無意義的。

重新制定策略時，要先立刻停下一切，從零開始重新建立策略。

不是在至今爲止的延長線上努力，而是要暫且歸零、重置，以「最終目標倒推思維」來重新找出最佳做法。

這時，就算前面已完成的工作全都白做了也無所謂。

若沒有策略，你便會試圖更拼命地執行「現在正在做的工作」。

若是有策略，問題就不在於「現在正在做什麼？」而是會一直嘗試切換到「最有可能達成目標的工作」。

因此，所產生的提案量大幅增加，品質也會顯著提升。

最重要的是，**直到最後一天都絕不放棄**。

只要不死心地持續思考，實行1天1次的策略改善，最少也能在1個月的營業日內檢討策略20次，3個月則可檢討策略多達60次。

所以說，認爲「因策略A行不通所以不成功，但自己已盡力，所以很滿意」的人，和「知道策略A行不通，於是檢討策略60次而達成了目標」的人，兩者的實力當然會在短短三個月內產生很大的差距。

★★

18

成功機率一目瞭然
理論上的成功藍圖法則

理論上的「成功藍圖」之寫法

讓我們再進一步來看達成事物的具體方法。

多數能把事情做好的人，都不只是「努力執行眼前的工作」而已，他們會設定明確的目標、訂立具體的計畫，並且每天持續實行。

毫無計畫地走出家門，隨便亂走一通，就算能把自家附近的後山都逛過一遍，也不可能登上富士山頂。

想要做出一定水準以上的成果，就需要充分的準備與計畫。

要達成目標必須有具體的計畫；要做出成果，就必須描繪「理論上的成功藍圖」，將其與現實之間的差距塡補起來。

假設，本月需擴大銷售，要增加１００名新客戶——

1 製作藍圖

首先要畫出藍圖（▼圖表9－1）。

若策略Ａ～Ｄ全都執行順利，便能獲得２００個新客戶，而這是目標數值的2倍。只是千萬別高興得太早。

接著，冷靜地判斷並輸入各策略的具體行動，及該策略的成功機率。

然後，將假設數量乘以成功機率，即得出預估數量。

以本例來說，預估數量合計為57，距離目標的１００還差了43。

由此可知，即使準備了很多策略，若每個策略的成功機率都很低，那麼策略再多也可能不夠。

在此為了補足差距，又再追加策略E～G，使預估數量達到100以上，這樣就完成了「理論上的成功藍圖」。

此藍圖必須在月初就完成（▼圖表9－2）。

2 執行策略

從月初開始經過2天後，執行策略A～C的結果如下——

A：完全失敗↓成功機率改寫為0％

B：原本假設能獲得30個，卻只獲得10個↓成功機率改寫為33％

C：完全失敗↓成功機率改寫為0％

由此可知，再這樣下去預估數量合計會不夠30（▼圖表10）。

情況已和5天前不同，必須重新制定策略才行。

▼ 圖表9-1 理論上的成功藍圖

實施方案	假設數量	具體行動	成功機率	預估數量
策略A	40	執行～	40%	16
策略B	30	執行～	30%	9
策略C	60	執行～	30%	18
策略D	70	執行～	20%	14
目標差距	—	—	—	-43

假設數量
合計共200

預估數量
57

▼ 圖表9-2 追加策略E~G後的理論上的成功藍圖

實施方案	假設數量	具體行動	成功機率	預估數量
策略A	40	執行～	40%	16
策略B	30	執行～	30%	9
策略C	60	執行～	30%	18
策略D	70	執行～	20%	14
策略E	30	執行～	40%	12
策略F	60	執行～	30%	18
策略G	40	執行～	40%	16
合 計	330	—	—	103
目標差距	—	—	—	+3

追加策略E～G

追加策略E～G，使預估數量達到100以上。
這樣就完成了「理論上的成功藍圖」。
→這必須於月初階段就完成（不能在沒地圖的狀態下起跑）。

▼圖表10 執行策略

實施方案	假設數量	具體行動	成功機率	預估數量
策略A	40	執行～	0%	0
策略B	30	執行～	33%	10
策略C	60	執行～	0%	0
策略D	70	執行～	20%	14
策略E	30	執行～	40%	12
策略F	60	執行～	30%	18
策略G	40	執行～	40%	16
合 計	330	—	—	70
目標差距	—	—	—	-30

3 改變策略

於是又再追加策略H～O，以維持預估數量爲100（▼圖表11）。

若無法維持此狀態，就不可能達成目標。

一旦開始執行策略，預估數量便會有所變動，當該數量低於目標值100時，就要在1天內追加新的策略。

只不過，新追加的策略往往效果有限。正因爲效果有限，所以實施的方案數量就會變得很多。

增加預估數量的方法有兩種：「增加實施的方案數量」或是「提高方案的成功機率」。

▼ 圖表11 改變策略

實施方案	假設數量	具體行動	成功機率	預估數量
策略A	40	執行～	0%	0
策略B	30	執行～	33%	10
策略C	60	執行～	0%	0
策略D	70	執行～	20%	14
策略E	30	執行～	40%	12
策略F	60	執行～	30%	18
策略G	40	執行～	40%	16
方案H	60	執行～	30%	18
方案I	20	執行～	5%	1
方案J	20	執行～	10%	2
方案K	10	執行～	20%	2
方案L	10	執行～	10%	1
方案M	20	執行～	10%	2
方案N	10	執行～	20%	2
方案O	10	執行～	20%	2
合 計	490	—	—	100
目標差距	—	—	—	0

例如：方案I的假設數量爲20，但成功機率只有5％，故預估數量就只有1。所以追加此方案的效果，和將策略F（假設數量爲60）的成功機率，從30％提升2％至32％是一樣的（▼圖表12）。

雖說依時間及狀況不同，無法一概而論，但額外花時間去挑戰成功機率僅5％的任務，通常都相當沒效率。

因此，乾脆把效果有限的方案I～O全都撤掉，想辦法將策略D的成功機率從20％提高到30％，再將策略F的成功機率從30％提高到40％。

這時，要將用於提高成功機率的具體措施寫出來（▼圖表13）。

就像這樣，你該思考的是，要把有限的時間用於「規劃新措施」，還是「提高既有措施的成功機率」？

很多人都會覺得，只要多實施幾個方案，總會有一個有效。

其實方案如果太多，往往無法在期限內做完。

▼ 圖表12 再次改變策略1

實施方案	假設數量	具體行動	成功機率	預估數量
策略A	40	執行～	0%	0
策略B	30	執行～	33%	10
策略C	60	執行～	0%	0
策略D	70	執行～	20%	14
策略E	30	執行～	40%	12
策略F	**60**	執行～	**30%→32%**	**18→19.2**
策略G	40	執行～	40%	16
方案H	60	執行～	30%	18
方案I	**20**	執行～	**5%**	**1**
方案J	20	執行～	10%	2
方案K	10	執行～	20%	2
方案L	10	執行～	10%	1
方案M	20	執行～	10%	2
方案N	10	執行～	20%	2
方案O	10	執行～	20%	2
合計	490	—	—	101.2
目標差距	—	—	—	0

▼ 圖表13 再次改變策略2

實施方案	假設數量	具體行動	成功機率	修正後的成功機率	預估數量	修正措施
策略A	40	執行～	0%	0%	0	
策略B	30	執行～	33%	33%	10	
策略C	60	執行～	0%	0%	0	
策略D	70	執行～	20%	30%	21	藉由～提高成功機率
策略E	30	執行～	40%	40%	12	
策略F	60	執行～	30%	40%	24	藉由～提高成功機率
策略G	40	執行～	40%	40%	16	
方案H	60	執行～	30%	30%	18	
~~方案I~~	~~20~~	~~執行～~~	~~5%~~	~~5%~~	~~1~~	
~~方案J~~	~~20~~	~~執行～~~	~~10%~~	~~10%~~	~~2~~	
~~方案K~~	~~10~~	~~執行～~~	~~20%~~	~~20%~~	~~2~~	
~~方案L~~	~~10~~	~~執行～~~	~~10%~~	~~10%~~	~~1~~	
~~方案M~~	~~20~~	~~執行～~~	~~10%~~	~~10%~~	~~2~~	
~~方案N~~	~~10~~	~~執行～~~	~~20%~~	~~20%~~	~~2~~	
~~方案O~~	~~10~~	~~執行～~~	~~20%~~	~~20%~~	~~2~~	
合計	390	—	—		101	
目標差距	—	—	—	—	0	

更何況，冷靜考量各方案的成功機率之後便會發現，即使有這麼多方案也可能還是不夠。

所以說，重點在於「假設數量×成功機率＝預估數量」，而非「實施的方案數量」。

「每次都必定能達成的人」會依據進度，一直將預估數量保持在需達成之數值。一旦充分掌握此方法，不論做什麼都能夠達成。

想要成功，就必須描繪「理論上的成功藍圖」，持續將其與現實之間的差距填補起來。在決定今天該做些什麼時，就要從目標與期限倒推，並且每天評估、檢討先後順序。

大部分的人都想著要「延續昨天所做的」，但那只是「作業」，並不是「工作」。

所謂工作，是為了達成目標而做的事。

你是把今天耗費在工作上？還是作業上？

只要把這點持續記在腦海中的某個角落，想必就能加快成長的速度。

★★★

19

能讓心輕鬆許多
障礙必定能翻越法則

只有還得起的人，才會遇到的「10億日圓的債務之牆」

前面已針對達成目標的方法做了說明。

不過，就在你朝著目標採取行動時，有時也可能前方突然出現一堵牆，而導致眼前變得一片黑。

這種時候，該怎麼面對才好？

在本章的最後，便要爲各位介紹**「障礙只會以能夠翻越的高度出現」法則**。

先來講個有趣的小故事。

那時我因遇到困難，而與一位我很尊敬的前輩商量。

木下：其實，我遇到了一個大麻煩！偏偏就在這麼關鍵的時刻。

前輩：這樣啊，這是在考驗你吧！

木下：考驗我？

前輩：是你的人生正在考驗你啊，考驗你能不能跨越這障礙！

木下：拜託別把話說得那麼輕鬆啦！要是跨不過，我的人生可能就此結束也說不定。

前輩：沒問題的，障礙的高度裡藏有秘密。

前輩意味深長的笑著說出了最後那句「障礙的高度裡藏有秘密。」

對於障礙，多數人都有著負面印象。然而一旦知道了這個秘密，對障礙的看法就會改變。

前輩要告訴我的是：「障礙只會以當事人能夠翻越的高度出現」。

儘管艱辛，但也是努力翻越了至今出現在人生中的各種障礙，而走到現在。當時令你覺得「糟糕了」、「前途一片晦暗」的事件，也終究都逐一克服了，不是嗎？

其實，障礙是一定能跨越的。因為障礙的高度，是由你與社會的相對性所決定。

假設，出現了所謂「10億日圓的債務之牆」，你能夠翻越嗎？

恐怕很多人都翻不過去。不過別擔心，因爲「10億日圓的債務之牆」根本不會出現在那些人面前。

原因就在於，所謂負債10億日圓，就表示有人借了你10億日圓。

基本上，一個人若沒有償還10億日圓的能力，是不會出現借10億日圓給他的人。既然人的負債絕對達不到還不了的程度，就不會出現所謂「10億日圓的債務之牆」。

那，要是因爲被詐騙而負債10億日圓呢？

詐騙也一樣，詐騙集團想要騙到10億日圓時，一定會鎖定擁有10億日圓的人。

換言之，沒有哪個詐騙集團會設計10億日圓的詐騙陷阱，去騙一個不太可能付得出10億日圓的人。

簡言之，超越自身能力的障礙，絕對不會出現。

你所看見的牆壁，其實只是「階梯」

障礙（牆壁）為什麼要擋住你的去路呢？

其實你所看見的牆壁，是**一道特別高的階梯**（▼圖表14）。

因此，若是用以往爬階梯的步伐來走，是絕對爬不上去的。必須奮力一跳、使用繩索攀登，或是在他人的支持下，才能爬得上去。

當試著爬上去時便會發現，那不是牆壁，而是**一道階梯**。

成功爬上去後，不會降回原本的高度，在你眼前，又會有一般高度的階梯不斷往前延續。

換言之，翻越障礙（牆壁）後的你，爬上了更高的階段，亦即所謂的「**登上新高度**」。

因此，**障礙（牆壁）是一種會定期出現的「成長活動」**。

障礙既是為了成長而出現，那麼太低或是無法跨越，就沒有意義，因此它只會以「**只要努力就能翻越的高度**」出現。

只要爬上會定期出現的特別高階梯，就夠能持續成長，不斷地登上新高度。

▼ 圖表14 一道特別高的階梯

有句話是這麼說的：「三流的避開障礙。二流的跨越障礙。一流的享受障礙」（▼圖表15）

一流的人都知道，障礙是一種能讓自己成長的活動，也知道它是「一定能夠跨越的」。

因此，當障礙出現，便想著「一場成長的盛會開始了」而樂在其中。

你之所以會覺得擋在你面前的障礙（牆壁）越來越高，是因為你本身的等級提高了的關係。

請回想一下童年時期出現的障礙，像是「開口向玩伴借玩具」、「跟朋友

▼圖表15 三流的選擇「避開」。二流的選擇「跨越」。一流的則是「享受」

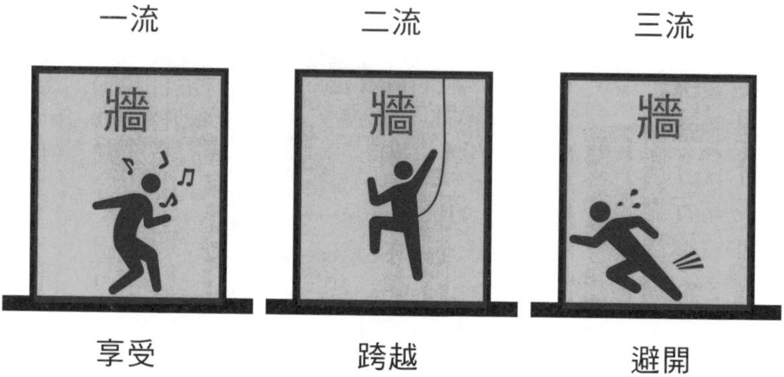

道歉」、「學會騎腳踏車」、「學會吊單槓」、「把營養午餐吃光光」等，小時候的你一定也遇到過很多障礙。

然而，現在回想起來，只會懷念地覺得「當時竟然會覺得那是障礙啊！」

數年後，未來的你回顧今天擋在面前的高牆時，應該也會覺得「原來沒什麼大不了」。

一旦跨過了，便有美麗的風景在等著你，所以鼓起勇氣飛躍吧！

第 3 章

成為零失誤高手的思維演算法

20

小心在一夜之間毀掉成果
三大失落的缺點法則

人會下意識忽略自己的缺點

要做出成果，消除缺點是很重要的。

擁有很棒的優點，但同時也有著能夠毀滅優點的重大缺陷，也就是失落的缺點。

缺點就像「枷鎖」，最麻煩的是，自己很難注意到。

在這方面我很幸運。恰巧在與客戶公司的社長談話時，發現自己有「採取行動的能力較弱」的缺點，並藉由學習「劈啪法則」（▼P40），重新寫入了「思維演算法」。

然而，很多人都沒能注意到自己的「枷鎖」。於是，在做不出成果時，便會想著「要更進一步強化自己的優點及武器」。

一直以來，都是因爲發揮優點而受到稱讚。正是這樣的經驗，培養出了「遇到困難時，就磨利自己所擁有的武器」的思維演算法。

而另一方面，人會「下意識」忽略自己的缺點。

人總是能看見別人的「枷鎖」，但自己的「枷鎖」卻幾乎看不見。

只磨練說話技巧，卻從不改善「遲到習慣」的業務員下場

曾有一位業務員，推銷話術超群出眾，但卻每每在重要時刻遲到，以致於拿不到訂單。

這個人一直持續磨練自己的推銷話術，期望「下次一定要拿到訂單」。想必是因爲磨練自己的長處比較開心、有趣吧？

可是，大家都知道他的問題不在於推銷話術，而是必須改善遲到的習慣才行。

每當偶爾有人指責他遲到，他總會拿「因爲電車延誤，所以沒辦法」、「因爲出門前接到另一位客戶打來的緊急電話」等各種理由，來合理化自己的行爲。周圍的人都笑他，但他本人可是認眞的。

人會下意識忽略自己的缺點，為了逃避缺點，便更努力磨練優點。

於是缺點依舊存在，而且還是沒能注意到那是缺點。

這便成了做不出成果的一個重要因素。

三大「失落的缺點」所帶來的嚴重傷害

比一般人更嚴重欠缺的缺點，就稱為「失落的缺點」。

在此要為各位介紹三大「失落的缺點」——

❶ 粗心犯錯。

❷ 時程管理失誤。

❸ 遺漏任務。

或許你已經注意到，這三者都與「思維演算法」有關。

「失落的缺點」比其他缺點更難察覺，也難以修正。

故當周圍的人對你有如下的反應時，就該視之為警訊，並試著以嚴格的眼光來檢驗自己。

✓明明是「沒什麼大不了的事」，但卻被放大檢視。
✓「只是犯了小小的錯」，卻被板起面孔斥喝。
✓「因無可奈何的理由遲到」時，被罵得比以往更兇。
✓「不過是碰巧漏了一個案子」，大家都把砲火往我身上集中。

上述這些現象，都源自於周圍人們與自己在「**常識上的差異**」。

由於本人的「不可以粗心犯錯」、「必須遵守時程安排」、「不能遺漏任務」等意識，比一般人低落非常多，因此就算失敗也不覺得自己「搞砸了」。

明明重複發生多次，卻從未留在自己的記憶中。周圍的人則是備受困擾，所以會非常生氣。

自己覺得「沒什麼大不了」、「只是小錯誤」、「無可奈何」、「不過是碰巧」的事，看在周圍的人眼裡卻是重大失誤。

「失落的缺點」，就是從這樣的常識差距所產生出來的。

你是否也有這樣的「遲到習慣」？你的「失落的缺點」是什麼呢？在能夠正面對決自己缺點的那一瞬間，就彷彿附身的邪靈已脫離般，你將會達成飛躍性的成長。

這個時機是修正「失落的缺點」的最後機會

那麼，該怎麼做才能找出「失落的缺點」呢？

讓我們從「失落的缺點」中，最常見的「粗心犯錯」開始。

經常粗心犯錯的人，在打文件或電子郵件時往往錯誤連連。而該本人多半至今爲止從不曾覺得粗心犯錯是個問題。

因此，首先必須先瞭解到這世上存在有「失落的缺點」這種東西。

你對於自己粗心犯錯、所謂「這很正常」的感覺，與世上一般人的感覺有很大的差距。你覺得的「小錯誤」，對世上的一般人來說，是「令人難以置信的錯誤」。

一旦經常粗心犯錯，同事便不會信任你，可指派的工作就很有限。不過，現在這個時機，正是修正「失落的缺點」的最後機會。**只要能在此修正，便可扭轉人生，獲得成功**。

話說至此，大約一半的人都已意識到自己的「枷鎖」，並努力自行修正。而剩下的另一半人，還是無法察覺到自己的「枷鎖」，需要以「**小組合作**（▼P199）」等方式來處理。

如何大幅減少電子郵件的失誤率？

經常粗心犯錯的人，本來就沒有檢查的習慣。因此，要不厭其煩地**預留檢查時間**，就彷彿自己是「爲了檢查而活」一樣。

有些人一打完電子郵件就會立刻按下傳送鈕，不會把信的內容重新讀過一遍。因爲他們覺得若是這麼做，有再多時間也不夠用。

然而，錯誤百出、措辭不當、錯別字不斷、忘了加上附件等，全都一起出籠的結果，就是導致對方完全看不出你想表達些什麼。

像這樣的人，就必須明確地訂立規則，「**檢查作業需佔電子郵件編寫時間的5成**」。

例如：1封電子郵件花5分鐘寫完後，必須再花5分鐘的時間檢查，總共花10分鐘完成郵件的編寫。

該本人或許會覺得「以前都只花5分鐘就能寫完一封」，但那是省略5分鐘的檢查的結果；必須要重新思考爲，編寫一封郵件「其實原本就要花費10分鐘」才行。

5分鐘的檢查時間，對該本人來說很痛苦，就好像自己是「爲了檢查而活」；實際上，這是一般人每天都在做的。

像這樣，**將檢查時間融入至工作，因粗心犯下的錯誤，便會以驚人的幅度減少**。

「雖然我覺得自己沒那麼嚴重，但出錯會被罵得很慘，還是小心點比較好」，這樣的態度是遠遠不夠的。

「失落的缺點」看在周圍的人眼裡是「異常」，需要「據我所知沒人在防止粗心犯錯、時程管理及避免遺漏任務方面做到如此程度」這種等級的措施才行。

人只要認真面對，三個星期就會改變

就彷彿自己是——

「爲了不粗心犯錯而活。」

「爲了管理時程而活。」

「爲了不遺漏任務而活。」

要以令人感到窒息的程度去實行。

據說，任何事情只要持續三星期，就會成為習慣。

如果在工作的職場，也有人具有「失落的缺點」，請務必花三個星期的時間，採取異常等級的措施。

此處提到的事例，並非空泛的理論，這些都是我們公司的員工親身體驗，並實際獲得成果的案例。

有注意到「失落的缺點」並達成飛躍性成長的人，都會希望自己還有更多「失落的缺點」。只要面對那些缺點，就能夠大幅度地成長。

我至今也仍在尋找自己的「失落的缺點」，每次有新發現，都覺得開心不已。因爲只要修正那缺點，便能輕鬆成長。

★★

21

克服「失落的缺點」的秘密訓練
周哈里之窗法則

分成四大類的「弱點分類表」

只要仔細觀察每一位員工，就會發現每個人都各有優點，像是擅長的領域、能做出成果的武器等。

另一方面，許多員工也都因爲「枷鎖」，而無法發揮自己的優勢。

我相信只要卸下「枷鎖」，就必定能獲得成果，因此一開始便選擇跟他們進行一對一的會議。

在持續實行多年的過程中，我發現員工的弱點可被分成幾個類別，便請人資部門的主管製作了一個「弱點分類表」（▼圖表16）。

來看看這張表，你能否察覺自己的弱點在哪裡呢？

絕大多數人都會勾選「B．對業務的理解與知識」裡的項目。

其中特別多人勾選的是「相關業務的知識淺薄」與「不會處理的業務很多」。

正如前面〈序言〉中所提過的，很多人都會覺得「自己的弱點在於技能不足」。

事實上，他們都錯了！

其實「思維演算法」才是重點所在。

C · 自我管理	
自我本位的工作方式	從工作委託到截止期限的期間太短
	對於花在他人業務上的時間考慮得太少
	很勉強地分配繁重的任務
	關於其他部門的案子總是回報得很慢
	把太多工作攬在身上
粗心犯錯	經常因為粗心、不小心而犯錯
	錯字漏字很多
缺少、遺漏	經常有缺漏
	遺漏而未共享行事曆等資訊
	常常忘記案子或點子
時程管理	無法管理專案時程
	經常無法遵守期限
	在時程的管理和進度上有缺漏
	動作很慢
	每個案子的處理都不完整，經常無法徹底完成任務，沒效率
	不從截止期限來倒推以執行業務，而是以眼前的工作為主，加上所需時間，將截止期限往後推遲
決定先後順序	無法管理多個同時進行的業務
	無法在自身業務的優先程度和組織業務的優先程度之間取得平衡
速度感	缺乏速度感
	經常加班，生產力低落
	對工作很仔細，所以處理業務總是很費時
	需要花很多時間才能得到結論

（接續第200頁）

▼ 圖表16 「弱點分類表」

A・溝通	
無法以合乎邏輯的方式說話	不擅長說明及整合
	說話時論點會偏離
	不知道要確認、委託什麼
	說話很粗略、不精準
	沒有主詞
	不擅長抓出句子或話語中的重點，並予以歸納、總結
自我本位的溝通方式	想到什麼就說什麼，即使是不必和所有人分享的小細節，也全都說出來
	單向的溝通方式，讓對話令人疲倦
	情緒表現在態度上，語氣很嚴厲
	不接受別人的意見
	一旦被指出錯誤就會反應過度而爆怒
	言語和行為令人感到不舒服
	缺乏足夠的共同前提
	講話速度太快

B・對業務的理解與知識	
對業務的理解與知識	對相關業務的知識很淺薄
	不論對所屬部門還是其他部門的業務，理解都很淺薄
	不會的業務很多
	未積極表現出想要瞭解產品的態度
	對系統和數字一直都不擅長
	明明是自己負責的專案，卻未充分瞭解
	與產品有關的知識很淺薄

D．自主性與責任感	
自主性低落	明明是自己的任務，卻傾向於向他人尋求答案
	不曾自己決定該採取的方向
	自己不主動查詢，總是馬上問人
	始終處於被動狀態
	總是跟在某人後面，呈現助理狀態
	缺乏自行尋找課題並帶領他人的能力
	除非有人開口要求，否則不會開始行動。缺乏自行決定「該如何行動」的自發性
眼界狹隘	眼界狹隘
	看不見周遭
固定觀念強烈	不懂得變通
	被規則或固定觀念束縛
	過度拘泥於現有的流程
過度在意對方	太在意對方的反應
	無法表達自己的主張，很快就放棄
以自我為中心	即使有既定的流程，也不照流程走
	以利己的方式解釋
	管理任務或專案時，含有憑感覺的成分
責任感不足	敷衍了事，草率隨便
	從言行舉止看得出只顧自己不管他人的態度
	即使未能理解，依舊保持原樣，不試圖改變
	避開不擅長的業務
	習慣在思考可行的方法前，就立刻先搬出做不到的理由
	不懂裝懂、敷衍搪塞、偷偷替換調包、藉口很多
	處理事情的態度不一致
	隨工作動力的高低波動，有時在工作上有敷衍了事的習慣
因不在意所導致的遺忘	忘了規則的存在
	經常忘記聯絡事項及過去的業務
	沒查看電子郵件

首度公開！
現場直播修正年輕員工缺點的訓練課程

我們公司有專門修正「失落的缺點」的訓練課程，目的在於，**讓員工意識到「失落的缺點」並予以改善，以成為能夠長期活躍的商業人士**。

該課程會將平常一起工作的夥伴們組成5～6人的小組，然後以如下的流程進行——

1 瞭解自己的缺點與團隊夥伴的缺點。

2 理解並接受自我認知與他人認知的差異。

3 思考克服缺點的辦法，並採取行動。

重點在於，**要接受他人的認知**。

正因爲「失落的缺點」有個很麻煩的特徵，就是從周圍的人看來再清楚不過，但只有該本人無法意識到。

因此，坦率地接受團隊夥伴所認知的自己的缺點，眞的非常重要。

用「周哈里之窗」找出「失落的缺點」的效果

這項訓練課程，使用了心理學中的「周哈里之窗」架構（▼圖表17）。此架構，將該本人所看見的自己，和他人所看見的自己的資訊分成四類，是一種用來瞭解自己的架構。

而我們的課程，則如下將之應用於對缺點的認知——

▼ 圖表17 「周哈里之窗」架構

	自己知道	自己不知道
他人知道	❶「開放之窗」 自己和他人 都知道的自己	❷「盲點之窗」 自己不知道， 但他人知道的自己
他人不知道	❸「秘密之窗」 自己知道，但他人 不知道的自己	❹「未知之窗」 沒有任何人知道的自己

自己不認為是缺點的缺點
＝位於「盲點之窗」的缺點，就是「失落的缺點」

❶ 自己和他人都知道的缺點「開放之窗」。

❷ 自己不知道，但他人知道的缺點「盲點之窗」＝「失落的缺點」。

❸ 自己知道，但他人不知道的缺點「秘密之窗」。

❹ 自己和他人都不知道的缺點「未知之窗」。

訓練課程的黃金準則

讓夥伴們互相討論彼此的缺點，

並寫入架構表中，便可將所舉出的缺點，分類至❶、❷、❸中（❹幾乎是舉不出來的）。

❶和❸是自己知道的缺點，所以，很可能已自行採取某些改善措施；或者即使沒有改善措施，但畢竟已有相當的認知，還是有改善的餘地。而❷則是自己完全不知道故未予以處理的部分，即從未改善過。

這類缺點即使被他人指出來，本人大概也無感。

總之，先坦率地接受是很重要的。

當被周圍的人說「很難溝通」時，人往往會反駁「哪有，我跟人溝通都很正常啊」；而被指責「委託你做的工作，你一下子就忘了」、「你都把案子放著不管」時，也很可能會回應「我才沒有忘記，只是打算晚點再做」之類的。

一旦像這樣找藉口搪塞，「失落的缺點」就會一再累積越變越多。

在我們的訓練課程中有個黃金準則，就是「必須將他人認知的缺點接納，並認知為自己的缺點」，然後再決定要如何處理這些缺點。

兩個月後，我們會再次進行訓練課程，讓大家互相檢查有何變化。有時本人自覺「已經克服」，周圍的人也可能會說「還沒克服」。

如果是眞的想修正缺點，就該建立部門內相互指出錯誤的機制。

例如：當正在改善「經常粗心犯錯」這缺點的人，因粗心而犯下錯誤時，就以通訊群組清單來通報大家。由於本人對自己的粗心犯錯並無自覺，才刻意用通訊群組清單來明白地指出。

我們有很多夥伴都基於「想重新寫入自己的思維演算法」的想法，積極地看待修正「失落的缺點」這件事。

此一訓練課程眞的非常有效，就當被騙也好，請貴公司也務必一試。

22

不存在沒辦法的事法則

成為不推卸責任的人

受主管好評者與不受好評者的決定性差異

講到犯錯，話題就容易傾向於負面。若能以正向的態度看待，便會想談談與變好有關的話題。

發生問題或犯錯時，由於不想被人降低評價，有些人會拼命辯駁，試圖證明「這不是我的責任」。

這種時候，主管又是怎麼想的呢？

與團隊成員們一起完成工作是主管的職責，對於會拼命辯駁「這不是我的責任」的夥伴，主管是不會想把工作託付給他的。

甚至應該說，主管會覺得「與其花時間聽你找藉口解釋，還不如把工作託付給會基於自責的想法，而率先採取行動改善的夥伴」。

亦即主管對於「會因自責而努力改善的人」評價較高。發生問題或犯錯時，自責會獲得好評，也較容易做出成果。

日本的經營之神松下幸之助曾說過：「就連下雨也算是自己的錯」。意思是「不論發生什麼事，都不要責怪他人，要具備當事人意識。」

以自己的頭腦思考並行動，就是可持續做出成果的人的王道。

為什麼這世上不存在沒辦法的事？

在解釋失敗或出錯的原因時，有的人會採取「這次是外部因素造成的，沒辦法」、「不是我的責任」等思維演算法，也有人則採取「要是我有做○○就好了，這是我的責任」這種思維演算法。

像前者那樣認為「這次是因為發生意料之外的狀況，所以才出錯」的人，下次再發生意料之外的狀況時，也同樣會出錯。

像後者那樣認為「這次是因為發生○○，所以出錯。若事前有深思熟慮，應該能夠預料到○○的發生。是我的思慮不周」的人，會因此而擴大自己的「思慮範圍」，意外出錯的機率也會降低，犯下嚴重錯誤的機率也會減少。

舉個例子，假設電車因大雪而延遲，導致上班遲到。

前者會覺得「沒辦法，連電車都停駛了」，可是後者會覺得「以後每到冬天，前一晚就該看天氣預報，先來預測下大雪的可能性，如果有需要就早點出門」。

說得更明白點，這世上根本不存在真正所謂「沒辦法」的事。

迷路的人不是因爲是路痴，所以迷路；而是因爲是路痴卻又不帶地圖（不用手機等查看地圖），所以才會迷路。

常犯錯的人不是因為錯誤率高，而是不檢查才會經常犯錯。

忘了該做的工作的人不是因爲健忘，而是因爲「沒有以清楚易懂的方式做筆記」才會忘記。

人總會怪罪於天生的性格，實際上不夠努力才是真正的罪魁禍首。

簡而言之，只要再多努力一點，就能避免失誤，進而提升主管和同事對自己的信賴度。

中堅份子與老手都要小心，經驗也可能導致犯錯

假設，主管同時請A和B兩人「搜尋與○○產品有關的資訊」。結果A回報「我找了但沒找到」，B則回報「我找到3則資訊」。

這時，沒找到資訊的A是「平常很習慣使用搜尋引擎的人」，有找到資訊的B則是「不習慣使用搜尋引擎的人或新人」。

你沒看錯，我也沒寫錯。

「平常就很習慣使用搜尋引擎的A」，每次將關鍵字輸入至搜尋引擎，往往都能在搜尋結果的前5頁以內找到所需資訊。於是，A便養成這樣的固定觀念，會以「若沒在搜尋結果的前5頁以內找到，就表示沒有相關資訊」的標準來判斷。

然而，「不習慣使用搜尋引擎的B」，本來就沒有任何標準，若在5頁以內找不到，就10頁、20頁地繼續找下去，有時甚至還會換個關鍵字繼續搜尋。雖然花了很多時間，但終究能夠找到資訊。

就像這樣，若是「能立刻輕易找到的資訊」，請有經驗的A找會比較快。但受到固定觀念的妨礙，面對「難找的資訊」時，其尋找能力反而會大幅下降。

人有時會因知識及經驗的累積，所產生的主觀想法、固定觀念，而封印了自身能力原有的無限可能性。

讓我們都多加小心，彼此引以爲戒。

★★

執行與否能讓生產力差到5倍之多
最強檢核表法則

活用檢核表的三大好處

在前一個法則中，曾說過：「常犯錯的人不是因爲錯誤率高，而是因爲不檢查才會經常犯錯」。

我個人不論在工作上還是在私生活中，都會使用檢核表。

使用檢核表有三個好處——

❶ 可避免遺漏，提高品質。

❷ 所需時間降低至1/2～1/5左右。

❸ 只要提高檢核表的精準度，不論將該工作交給誰都不成問題。

其中又以❸的觀點格外重要。

即使是一般認為「由於不易判斷，故只能交給老手」的工作，只要分解為細項並檢查「如何做？」、「做了沒？」那麼要交給誰做都可以。

其實，將經確認的作業步驟依時間順序列成清單，並做成檢核表，就有可能將老手的工作變成工讀生的工作。

製作檢核表的重點在於，**用字遣詞要讓初次執行該業務的人，能夠清楚理解，所以必須極為簡單易懂才行**。

用「800個項目」的檢核表，同時提升工作的品質與效率

將工作上該確認的事項，都統整成了檢核表。只要列好該確認些什麼、該如何確認等檢查事項，就能減少錯誤的發生。

以我們公司為例，自家產品的品質需要確認的流程如下——原型樣品完成後，會花1～3個月進行評論員的測試及意見調查，最後再由全體員工和所有主管們親自試用並做判斷。

除此之外，還有容器的耐久性測試與耐熱測試、成分標示及印刷品的說明內容等許多檢查項目，因此我們選擇使用檢核表來處理。

並針對不同的顧客使用階段設定品質概念，建立出專屬於我們公司的800個評估項目（▼圖表18）。

▼ 圖表18 800個項目的檢核表的部分摘錄

編號	檢核	測試項目	實施細節 實施條件	確認對象	檢查要點	結果	結果詳情	實施日	確認者
1	□	耐熱驗證測試	在30℃20小時～50℃4小時的週期循環環境下保存5天，確認產的品質有無異常	容器・包裝	顏色有無異常變化（變色、褪色等）				
2	□				外觀有無異常變化（破損等）				
3	□				強度有無異常變化（硬度等）				
4	□				有無其他異常變化（凝結等）				
5	□			內容物	取出的容易度有無異常變化（出不來、一次出來太多等）				
6	□				顏色有無異常變化（變色、褪色等）				
7	□				形狀有無異常變化（變形、塌陷等）				
8	□				氣味有無異常變化（強弱、變質等）				
9	□				質地有無異常變化（分離、潮解、凝固、乾燥等）				
10	□				味道有無異常變化				
11	□				使用感有無異常變化（刺激變強、變得難以使用等）				
12	□				效果有無異常變化（針對具速效性的產品）				
13	□				有無其他異常變化				
14	□	耐冷驗證測試	在（冷凍24小時～常溫24小時）×2的週期循環環境下保存4天，確認產品的品質有無異常	容器・包裝	顏色有無異常變化（變色、褪色等）				
15	□				外觀有無異常變化（破損等）				
16	□				強度有無異常變化（硬度等）				
17	□				有無其他異常變化（凝結等）				
18	□			內容物	取出的容易度有無異常變化（出不來、一次出來太多等）				
19	□				顏色有無異常變化（變色、褪色等）				
20	□				形狀有無異常變化（變形、塌陷等）				
21	□				氣味有無異常變化（強弱、變質等）				
22	□				質地有無異常變化（分離、潮解、凝固、乾燥等）				
23	□				味道有無異常變化				
24	□				使用感有無異常變化（刺激變強、變得難以使用等）				
25	□				效果有無異常變化（針對具速效性的產品）				
26	□				有無其他異常變化				
27	□	運輸測試	將產品以實際出貨時的形式、條件打包，從札幌總公司運送至關東地區後，再送回札幌總公司，接著將產品開封並確認品質	外裝箱（1件包裝品）	有無破損				
28	□				有無髒污				
29	□				有無磨損				
30	□				有無變形				
31	□				有無變色				
32	□			內容物（1件包裝品）	有無滲漏				
33	□				有無裂紋、缺角				
34	□				有無變色				
35	□				與對照品相比，氣味有無變化				
36	□			外裝箱（3件包裝品）	有無破損				
37	□				有無髒污				
38	□				有無磨損				
39	□				有無變形				
40	□				有無變色				
41	□			內容物（3件包裝品）	有無滲漏				
42	□				有無裂紋、缺角				
43	□				有無變色				
44	□				與對照品相比，氣味有無變化				

每當有顧客提出問題或投訴時，就會在公司內部分享這些資訊，而評估項目便會隨之逐漸增多。

此外，我們也建立了製作廣告時，用來檢查是否有抵觸藥機法（與確保醫藥品、醫療器材等的品質、有效性與安全性等相關法律），以及贈品表示法（不當贈品類及不當表示防止法）的系統。

亦即當廣告文案中含有抵觸法律的詞彙時，便會自動發出警報的一個機制。

由於已建立好負責人員用檢核表檢查後，再由法務人員進行最終確認的流程，故可同時提高工作的品質與效率。

以旅行或出差用的「攜帶物品檢核表」做到零遺漏

個人使用的是，旅行或出差時用的「攜帶物品檢核表」（▼圖表19）。

只要在此攜帶物品檢核表中，輸入是在國內還是出國、在飯店的住宿日數、穿西裝及便服的日數等相關資訊，它就會自動顯示出分別需要哪些物品、數量各幾個。

而且還會分門別類地顯示包括錢包、手機等，該放進隨身包包裡的物品、該放入行李箱的物件，還有在國內若要將行李先單獨寄送至目的地時應打包的東西等。

有了這個檢核表，就不會發生到了旅行或出差的目的地才發現「啊！應該要帶那個」的憾事。

不論在私生活還是工作，只要充分活用這個攜帶物品檢核表，就能和遺漏說掰掰。

盥洗用品（刮鬍刀、塑膠袋、鬧鐘）	1			
洗衣網	1			
防水手錶	1			
折傘	1			
日用雜物（穴道按摩用品、指甲剪）	1			
後腦杓按摩杖	1			
洗澡毛巾	1			
暖暖包				
回程的宅配單				
吹風機、捲髮吹風機				
藥品（頭痛藥、生髮液、Triple X等營養補充品）				
手提包、背包、簡易背包、腰包、小腰包、飲料架				
雨衣				
公事包				
迷你錢包				
手機鍊帶				
雙層口袋風衣				
便攜式鋁製防寒布				
當睡衣穿的長袖休閒上衣				
在飯店內用的便攜式拖鞋				
OKO（濾水瓶）				
在當地穿的便服（含備用）				
T 恤或毛衣	2			
汗衫				
褲子※2	2			
上衣※2	2			
備用鞋 or 休閒鞋 or 折疊鞋				
衛生褲				
圍巾、披肩）				
涼鞋兼拖鞋				
在當地用完即丟的				
免洗褲	5			
免洗襪	5			
免洗手帕	5			
用完即丟的睡衣 T 恤				
牙膏				
拖鞋				
保暖脖圍				

回程時使用的物品				
機上替換的T 恤				
當地有點冷的時候				
便攜式羽絨外套				
羽絨背心or內搭羽絨衣				
羽絨圍巾				
暖暖包				
衛生褲				
外套、外套用衣帽袋				
需要西裝時				
西裝※2				
白襯衫（包括放白襯衫的袋子）※2	0			
皮帶				
皮鞋				
汗衫	0			
攜帶式熨斗				
需要晚宴西裝時				
晚宴西裝				
禮服襯衫				
汗衫				
皮帶				
禮服鞋				
腰封				
領結				
袖扣				
口袋方巾				
攜帶式熨斗				
會游泳時				
泳裝、防曬泳衣				
防寒連帽外套				
太陽眼鏡				
防曬乳or防曬噴霧				
身體乳液				
游泳圈				
涉水鞋				
打氣機				
防盜背袋				

※1 前一天先把不需要的卡片抽掉
※2 適用於西裝盒

▼ 圖表19 旅行或出差時用的「攜帶物品檢核表」

●目的地：日光		
飯店住宿日數	5	
飯店間數	1	
去程機上住宿天數	0	
回程機上住宿天數	0	
便服日數	3	
西裝出勤日數	0	
西裝出發	否	
所需總量（用完即丟）		準備
免洗褲	6	
免洗襪	6	
免洗手帕	6	
汗衫	+便服量	
用完即丟的睡衣T恤	—	—
洗澡毛巾	1	
拖鞋	—	—
牙膏	—	—
所需總量（非用完即丟）		
T恤或毛衣	3	
白襯衫	0	

	所需數	檢核		
		準備	打包	最後
出發日所需量				
免洗褲	1			
免洗襪	1			
免洗手帕	1			
褲子	1			
上衣	1			
T恤或毛衣	1			
汗衫				
白襯衫				
西裝				
羽絨背心or內搭羽絨衣				
羽絨圍巾				
羽絨外套				
外套用衣帽袋				
暖暖包				

放進隨身包包裡的物品				
日本用的錢包※1	1			●
iPhone	1			●
眼藥水	1			●
手錶（日常用）	1			●
機票				
Galaxy Z Fold3	1			
家裡、汽車鑰匙	1			
札幌總公司的門禁卡（出差後直接進公司）				
海外旅行用錢包（外幣、信用卡等）				
護照/ESTA				
駕照				
手機殼（付吊繩）				
GPD Pocket、滑鼠				
任務表活頁夾	1			
機上用小布袋（手機充電器、耳機、藥品、喉糖）	1			
折傘	1			
保特瓶用的吊環	1			
東京分公司的門禁卡				
名片匣				
旅遊行程表、指南	1			
原子筆				
顯示2～3時區的手錶				
機上穿的襪子				
機上替換的T恤				
機上替換的免洗褲				
機上替換的免洗襪				
機上替換的免洗手帕				
日用品				
Fujitsu PC				
滑鼠、耳機				
單獨寄送行李時的打包物品				
iPad				
Fire TV Stick				
可攜式顯示器、HDMI轉接線				
電源線				
延長線				
變壓器、插頭				

24

資訊選擇達人也都下意識在做
尋求反對意見法則

辨別專家的方法

你是否也有過盲目聽從某人的說法，結果卻不幸出錯的經驗呢？自己沒好好研究，也不認眞思考，就隨便實行看似正確的事，而導致失敗是很常見的狀況。

這種時候，有些人便會搬出「因爲專家這麼說」的藉口。

所謂專家，也有各種不同等級，要好好辨別才行。

醫師、律師、會計師、一級建築師、系統工程師等，在我們周遭有各式各樣不同的專家存在。

當你想知道某些資訊時，請別立刻去問專家，最好先上網查一下，建立「自己的看法」，然後試著與專家分享自己的看法。

如果該專家的見解在你的見解之上，那麼就可以仰賴；若非如此，表示就專家而言，其等級偏低。

正因爲自己是外行人，所以可以毫無顧忌地徹底查過之後，再去求助專家。

確認反對意見所能瞭解的事

專家並非無所不知、無所不曉。

傳染病的專家，雖然很了解傳染病，但對於預防措施可能只有一般層次的知識。此外，也可能不懂經濟、社會方面的問題。

仔細傾聽專家在其專業範圍內的意見，再自己做決定，是很重要的。

對於在網路上看到的意見也別立刻接受，必定要**聽聽反對意見**才行。凡事都一定有贊成方與反對方，所以雙方的意見都要先聽過，再自行充分思考。

並不是轉貼或轉推次數多的意見就正確。很少人是仔細評估過意見後才轉推的，甚至有些人根本沒把內容全部讀完。

然而，受到假消息、假新聞的影響，人們往往會做出錯誤的判斷。

正因爲在這個時代，從網路取得資訊已變得理所當然，擁有自己的看法並尋求反對意見，便顯得格外重要。

25

能瞬間修正常見失誤的訣竅
肯定式想像控制法則

引導下屬及同事往好方向的小訣竅

要將下屬及同事引導往好的方向時，在溝通上有一些小訣竅。

爲此，你必須理解人類受「想像」影響的程度有多大。

請先在腦海中想像一顆檸檬，再用水果刀切成兩半，然後拿起其中半顆檸檬放到嘴裡，瞬間用力一擠。酸溜溜的檸檬汁充滿了口腔。

如何？現在你嘴裡應該已經自然地分泌出很多口水吧？

不論實際與否，人類的身體都會對想像的事物做出反應。

此外，想像對動作也會有影響。

小學上體育課時，跳箱我可以跳過5層，但6層就是跳不過。

那時我突然覺得之所以跳不過，是因爲我腦海中想像的是「跳不過的自己」。於是，我先在腦海中描繪「跳過6層的自己」，再助跑後奮力一跳，結果眞的漂亮地跳過去了。

高中時，我還進了體操社。其實我絕對算不上是運動神經好的人，但前空翻和後空翻都沒問題。

體操這種運動，想像訓練是很重要的。

在腦海中反覆描繪自己漂亮地完成前空翻的樣子，一旦覺得順了，就勇敢挑戰。只要採取這種方式，有的人甚至一次就能學會。

想像對行爲也會有影響。

不論有無根據，覺得「我做得到」的人，即使遇到挫折，也會想著「眞奇怪，再試一次好了」而繼續行動。但覺得「我做不到」的人只要失敗過一次，便會想著「我果然做不到」而停止行動。

前者會挑戰多次，故終究能得到好結果；後者則是不論做什麼都以失敗告終。

總是抱持正面印象的人，透過持續行動，不論做什麼都能順利成功。

描繪正面印象的小訣竅

有一些小訣竅可幫助我們描繪正面印象。

試著想像這個句子：「請絕對不要想像一隻紅色的烏鴉。」

這時，你的腦海裡浮現出什麼呢？應該就是「紅色的烏鴉」吧！

明明被要求「絕對不要想像」，卻不由自主地將「紅色的烏鴉」這個詞彙給視覺化。

印象並非產生自「句子的意思」，而是來自「詞彙」。

尤其是小孩，其印象特別容易顯現在身體的反應上。

例如；對著拿著一大杯水的小孩說：「千萬別把水灑出來喲」。這時小孩往往會基於「灑出來」這一詞彙，而想像「把水灑出來的自己」，於是身體便直接反應出來，結果就真的灑出來了。

要告知對方「應該做的事」，而非「不能做的事」。

亦即應採取正向、肯定的說法。像是告訴他「請把杯子放在桌上」，而不要採取「別把水灑出來」的否定說法。

面對經常粗心犯錯的人，要說「請仔細檢查」，而不說「別犯錯」。要說「請準時完成」，而不說「別延遲」。要說「請用心做」，而不說「別偷懶」。要說「參加會議時一定要發言」，而不說「參加會議時別默不作聲」等等。

包含在肯定句裡的詞彙是「應該做的事」，會讓人產生正面印象，並進而對該印象有所反應，下意識地改變動作或行爲。

一心想著「我絕對不要失敗」的人，由於想像的是失敗的自己，故總會在不知不覺中採取了容易失敗的行動。

一心想著「我要成功」的人，由於想像的是成功的自己，故會在不知不覺中採取容易成功的行動。

請務必與你周遭「一切進展順利的人」聊聊，一定會發現他們說的話大多都是「肯定句」。

第 4 章

能自行思考並行動者的思維演算法

26

不隨熱潮起舞的思維習慣
光有點子毫無意義之法則

點子本身並無太大價值

我常遇到一些商務人士會說：「我想到一個超棒的商業點子」、「做起來一定會很成功」這類話。

其實那些點子多半之前就有人做過了，只是他們不知道而已。

尤其失敗的例子，很可能是不會留下記錄的。

雖然機率相當低，但你所想到的點子若是不曾有人實行過的話，其原因不外乎以下三者——

❶沒有需求。

❷很難實行。

❸沒人注意到。

❶就是指社會並不需要該商品或服務。

❷是指技術上很困難、需要大量的人力或財力，亦即要製作出商品或服務的難度很高。

❸是一旦順利實行，馬上就會有競爭對手出現，商品或服務被模仿，於是以短命告終。

不論結局爲何，光有點子是不具價值的。

要克服❶❷❸，將點子塑造成事業才有意義。

一心想著「我只出點子，然後由別人來幫我實現」的人，應該要考慮讓自己成爲那個「別人」。

今後所需的是將點子「付諸實現的能力」

將點子付諸實現的能力，相當的多重要。

二〇〇〇年左右我剛創業，是「IT泡沫」的全盛期。人們談論許多活用網路的商業構想，不過，能實際將構想付諸實現的人可說是少之又少。

比我年輕的一代非常熟悉電腦和網路，但他們的商業知識和經驗不足。而支援年輕世代的高年級生，儘管商業上的知識、經驗豐富，卻不懂電腦及網路。

年輕人能夠提出網路方面的商業點子，只是不具備建構事業的專業知識。在這種情況下，高年級生投入資金，便造就了IT泡沫。

雖然有構想也擁有資金，但由於缺乏執行力，很多終究都無法實現而淪爲紙上談兵。

就年齡而言，我恰巧能夠同時理解兩者的立場，所以能夠以少量資金成功實現IT事業。

製造不隨熱潮起舞的「進入障礙」能力

若你的點子過去從未曾有過實行的例子，那麼在策略上極具意義。

首先，要以會出現競爭對手為前提來，訂立商業計畫。

雖然Facebook和Google等科技巨擘，一旦推出新的服務就會馬上有人跟進，但這些GAFA都會投入大量資金，延攬經驗豐富的專業經理人，先將營運基礎提升到其他公司無法進入的程度後，才推出服務。

並不是把碰巧想到的點子拿來執行而已。

另外，還曾發生過一件事，讓我感受到了**創造「進入障礙」的能力**有多重要。

二〇〇八年，在開始銷售北海道特產時，我們公司將斷了腳的螃蟹和部分被截斷的鱈魚子等，無法做爲正規商品販賣的北海道特產，以「瑕疵美食」之名，用8～3折的價格販售。

儘管被媒體大幅報導，但我們發現銷售額和利潤並沒有立刻增加。

這是因爲不只中小企業，就連大企業也陸續進入這個「瑕疵」市場。

歸根究底，「瑕疵美食」就只是個單純靠點子決勝負，任何人都能進入的低門檻生意。

在使用搜尋引擎就能輕易檢討和比較各種事物的現代商業環境中，「第一個開始」這點本身並無法成為競爭優勢。

在那之後，我就決定要開發出以別人無法模仿的品質取勝，獨一無二的商品，以賣得長久爲目標。

27

成長的新常識
遠距工作＝亞馬遜之法則

難以忽視的真相是，「輸入量」正持續驟減

遠距工作已成常態。

因新冠疫情而進入我們公司的年輕員工們覺得「遠距工作並無障礙」，希望「今後也能繼續以遠距的方式工作」。

不過，考量到長期的工作與生活平衡，讓我們試著將眼光放遠，來想想該選擇怎樣的工作方式較好。

出社會比較久的人，到公司上班和遠距工作都經歷過，有注意到兩者優缺點的人也比較多。

另一方面，進公司才兩、三年，可稱得上是「**遠距工作原生人**」的員工，就很難注意到兩者的優點及缺點。

於是，我便試著從到公司上班期間、遠距工作期間，與輸入量及輸出量之間的關聯性來思考。

- **到公司上班期間的輸入**：除了自己主動查找的資訊外，還會自然地接收到公司及目前業務所發生的事情、方向的變動、公司裡有怎樣的人、分別扮演了什麼樣的角色、又具有哪些技能、以怎樣的規則在行動等資訊。

■**遠距工作期間的輸入**：會得到自己主動查找的資訊。有查找的習慣，也知道怎麼查，懂得判別資訊的人通常沒什麼問題。但沒這些習慣與能力的人，就很難獲得訊息。輸入量僅限於眼前工作所需的最基礎資訊，比以往要少得多。

■**到公司上班期間的輸出**：在有一定輸入量的狀態下進行輸出。

■**遠距工作期間的輸出**：能夠主動輸入資訊的人，總是能獲得新資訊，並以之爲基礎輸出，所以沒什麼問題。但被動的人是以到公司上班期間獲得的資訊爲基礎來輸出，就像靠以往的積蓄過日子一樣。由於輸入量沒有增加，輸出量也逐漸減少。

總結來說，遠距工作時，不論在輸入還是輸出，會依據人的資訊獲取能力，而分成「可以順利做到的人」，以及「會出問題的人」兩種。

「遠距工作」與「亞馬遜」的共通點

在網路空間裡，你可以深入挖掘自己有興趣的事物。那裡入口雖小，卻能無限延伸，是個有如隧道般的空間。

另一方面，在現實空間中，不論你有無興趣，都會有各式各樣的事物映入眼簾。

近年來，從亞馬遜之類的網路書店購買書籍的人越來越多。我雖然很喜歡實體書店，但也會從亞馬遜買書。

在亞馬遜上搜尋喜歡的書籍並購買時，系統會同時推薦許多你可能「也會想讀」的相關書籍。

這很方便，於是我就依據系統的「建議」購買，真的令人十分滿意。因此有一段時間，我完全不去實體書店了。

直到有一天，當我偶然走進一家書店時，著實被嚇了一大跳。因爲我發現了很多不知道的好書，而那些書屬於自己不太熟悉的領域，讓我十分感興趣。

平台式的書籍陳列，能讓人一眼就看到數十本的書籍封面。其中有不少從未見過的書名，勾起了我的興趣。

然而在亞馬遜上，一個畫面至多只能顯示區區數本，若不主動捲動瀏覽或進入特定頁面，是無法看到數十本的書封。

亞馬遜其實不適合發現新東西。

如果繼續使用亞馬遜，而不去實體書店，我不會意識到這個問題。

遠距工作與前述情況也有相似之處。

乍看之下方便又令人滿意，很難讓人注意到其不足之處。

在遠距工作的狀態下，即使取得正確知識等資訊，若是獲取技術不足，或是缺乏人脈，其實本人也很難意識到。

甚至還會產生錯覺，誤以為自己工作做得很好，正在持續成長中。

這一點請務必當心！

那麼，具體來說該怎麼做才好呢？

對於遠距工作，請再多思考一下吧！

★★

28

新・職涯提升術，可彌補遠距缺陷的內部人脈資產法則

遠距工作出人意料的關鍵，「內部人脈資產」

工作的過程中，與職場夥伴間的關係非常重要。

在此，姑且稱之爲「內部人脈資產」，而「內部人脈資產」與資訊的輸入量呈正比。

即使在遠距工作的狀態下，擁有大量「內部人脈資產」的人，仍能收到來自夥伴的各種資訊。

另一方面，「內部人脈資產」較少、又缺乏資訊搜尋能力的人，當採取遠距工作的方式，能夠接收到的資訊就會一下子大幅減少。即使資訊量仍多，也容易偏頗。

一旦只以遠距的方式工作，工作內容也會受到限制。

這時，往往就只能做以下這幾種類型的工作——

❶ **副業型**：不需要輸入的單純作業。輸入資料、打字之類的單純作業可用遠距的方式進行，但無法期待高薪。

❷ **專業人才型**：運用所培養的技能，單獨完成工作。不過，必須做好心理準備，會被拿來和登錄於CrowdWorks及Lancers（日本的外包服務平台）的專業人才、低工資接案人員比較。

❸ **分公司社長型**：在線上管理團隊成員並執行業務。本來分公司的人

看在總公司眼裡，就和遠距工作的狀態沒兩樣。

此外，❷的「專業人才型」，除了必須具備特殊的技能之外，還要有瞭解你的優勢，且確實會把工作指派給你的「內部人脈資產」，才能成立。如果那個人被調走或離職，你可能就無法做自己預期的工作。

而❸「分公司社長型」，則需要高度的管理能力。

我們公司的副社長在新冠疫情發生前，就獨自待在東京分公司（二〇二二年七月，改爲札幌與東京的雙總部制），並以遠距的方式管理在札幌總公司的團隊成員。

若是以❷或❸爲目標，就必須進一步提升自己的技能。

爲此，即使你打算採取遠距工作的方式，也要先回歸到公司上班的實體出勤形態，培養「輸入的技術」與「內部人脈資產」後，再改爲遠距模式會比較好。

「內部人脈資產」的建構法

企業如果能夠做到，即使員工進行遠距工作，也能建立「內部人脈資產」，是最理想的狀態。

因應遠距工作，我們公司是設法利用Zoom（視訊會議應用程式）來活化員工之間的溝通。

例如：「GOOD&NEW」，這是要每位員工以發言1分鐘的方式，與大家分享在24小時內發生的「好事（GOOD）」，以及「新發現（NEW）」，並彼此拍手相互鼓勵的一項措施。

亦即將以組織及團隊的活化、破冰等爲目的。

這是由美國的教育學者彼得．克萊恩（Peter Kline）所開發出來，並實際應用於職場上。

「GOOD&NEW」是以如下的方式進行——

1 用Zoom將所有人分成3～5人一組。

2 每個人各說1分鐘的話。

3 說完後，除了說話者以外的人都要拍手。

4 接著換下一個人說。

5 持續進行直到所有人都說完爲止。

6 最後一位要以「今天也請多多指教」這句話來收尾。

在「GOOD&NEW」中分享的事情，很多都是除工作之外的私事，因此嘗試過一次後，同事之間便會產生出所謂對「人」的興趣，開始將彼此認知爲夥伴。

此外，我們也舉辦線上聯誼會等活動。即使採取遠距的工作方式，若能知道公司裡有什麼樣的人，在發生問題時，就可以找到人商量。

在遠距之下，公司應做的準備

從管理的角度來看，遠距工作是輕鬆的，因爲只要看成果就行了。在辦公室工作時，總有員工感到不滿，覺得「我明明很努力卻不受好評」，每次都會找主管談。若是遠距，根本不會知道「有沒有努力」，由於只能依成果來評價，管理變得極爲輕鬆簡單。

然而，對年輕人或無法做出成果的人而言，遠距是個嚴苛的世界。畢竟不會有人坐在你隔壁，逐一教你「這裡錯了」、「這個資料最好也看一下」、「這部分A先生很懂」等。

再加上，不論過程如何，都只會依成果來評價。有些人恐怕會因此精神崩潰也說不定。

公司應該要考慮到這部分，確實準備好「活化內部溝通的機制」會比較妥當。

★★★

29

不把前所未有的挑戰，與功課做得不夠混為一談
阿基米德式經營法則

九成的人都對「前所未有」有所誤解

人們總會吝於付出努力，而選擇採取「碰運氣」的行動。甚至還會自豪地說，這是在「承擔風險、接受挑戰」。

創業家要承擔風險並接受挑戰以感受英雄主義，固然是其自由，但被牽連而陷入工作存續危機的員工可承受不了。

一旦將「承擔風險」定義為「挑戰一些不試試看，不會知道行不行得通的事情」，則「不知道」的理由就可分成「前所未有，所以沒人知道」和「該本人功課做得不夠，所以不知道」這兩種情況。

請千萬別把軟體銀行的孫正義和UNIQLO的柳井正、樂天的三木谷浩史等人，所承擔風險的「前所未有的挑戰」，與小型新創公司的「功課做得不夠的挑戰」，給混為一談了。

社長的工作，就是要能看透不確定性

至今為止，我從來不曾「承擔風險、接受挑戰」。

營業額在100億日圓以下程度的事業，不必承擔風險也做得到，因為可從前人做過的事情中獲得許多線索及資訊。

研究先前的案例、進行試銷等，只要準確地計算，幾乎都能看出成功機率，所以執行機率高的方法即可。

營業額在100億日圓以下的公司，若要做「前所未有」的挑戰，根本就只是該本人的認知不足、功課做得不夠罷了。

我從創業時就開始調查、研究各式各樣的前例。要在極度缺乏資金又絕對不能失敗的狀態下取得成果，就非得這麼做不可。

所謂的專業，就是要能看透不確定性。

於是，我徹底研究自己不懂的、不知道的，想辦法讓風險趨近於零。至今爲止，我自行建立系統，並充分掌握公司的一切資料。

執行新的目標時，只要結合各種資料進行計算，就能相當準確地判斷出成功機率。

在不確定的狀態下挑戰，這不叫「做生意」，那只是「賭博」。

經營者不可以因爲自己功課做得不夠，而讓員工們流落街頭。一定要先拼命做功課，並充分活用Excel好好計算才行。

將「阿基米德原理」應用在經營上的方法

其中結合資料的想法，和「阿基米德原理」誕生時的想法很接近。

阿基米德（西元前二八七—前二一二）是古希臘的數學家，以被國王要求「查明王冠是否爲純金打造」一事而聞名。

過去都只能以熔化王冠的方式來查明此事。但阿基米德卻依據液體的質量、重力、浮力等，設計了一個公式，能夠從王冠沉入水中時所排出之水量，來判斷其是否爲純金。

這個計算方式，就是所謂的「阿基米德原理」。

我們公司的經營也與此類似。

多投入一些廣告宣傳費，銷售額就會增加，但利潤率卻下降；而節省廣告宣傳費，利潤率會上升，但會損失銷售機會。

因此，我們將投入的廣告費和一年內的回購預測數字組合起來，設計出一個公式來計算多少的廣告投資，能達成利潤的最大化。

讓進公司才半年的新人，也能做出判斷的機制

獲得一位顧客（收到一筆訂單），所需付出的費用叫CPO（Cost Per Order，單次購買成本）。

不論哪個行業，若是想獲得訂單，就一定要打廣告、推銷等，必須進行某些促銷的動作才行。

花錢在CPO，銷售額就會增加，但成本也會增加，故利潤減少。

我們公司以剛剛提到的公式，能算出「投資多少會在何時獲得多少回

報」的明確數值。因此，即使是進公司才半年的新人，也能夠管理每月數千萬日圓的廣告預算。

只要超過該數值就停手，由於標準非常明確，所以不會失敗。

就像這樣，我們公司始終以「算式」來思考各事項之間的關聯性。**以數字來觀察事物的關聯性，正是所謂的演算法**。具有因果關係的事物，只要數值化，就能知道成功的機率是多少。

★★★ 30

安裝數值化思維
數字取代直覺法則

養成用數字取代直覺的習慣

一般人聽到主管對自己說：「請自行思考並採取行動。」，可能會覺得要被罵了而有點僵住。

其實日常工作中，處處充滿著思考的機會。

當某些事變得不順利時，若能思考出原因，往往就能與周圍的人拉開差距。

例如：當訂單的數量減少時，有些人會馬上說：「賣不出去啦，降價吧」。但這種時候，別以直覺判斷，要試著將訂單減少的理由，替換成數字來思考。

以我們公司這類網購事業來說，投放廣告後，看到廣告的人便可能點按廣告而進入商品頁面去購買。

如果訂單數量減少，那麼有可能是進入頁面的人數本身減少，或是進入頁面的人購買率降低。若再進一步分析進入頁面的人數減少的理由，有可能是廣告的顯示次數減少了，或是廣告的點擊率降低了。

換言之，訂單數量減少的理由，應該是「進入頁面的人購買率下降」、「廣告的顯示次數減少」、「廣告的點擊率降低」這三者之一，故可先予以確認。

請務必養成習慣，要在發生問題時尋找可能的原因，並找出解決方案，就能決定出今天該做的事。

在挑戰新任務時，應該要用「最終目標倒推思維」來進行，若本來就很順利的事情變得不順利時，就該有效運用「消除原因思維」（▼P118）。

訂單批量的計算問題

如果訂單的數量增加，單價就降低的話，我應該要增量下單嗎？還是維持原數量呢？

在此，我準備了一個訂單批量的計算問題給大家練習——

【練習題】

你需要單價500日圓的商品2000個，就在你打算下單時，供應商說：「若下單2500個，就以450日圓的單價賣給你」。

這種時候，該怎麼思考才好呢？

有的人會完全交給主管判斷，直接問主管：「該怎麼辦？」有的人則會先自行計算後，再問主管：「計算結果是這樣，所以我們就這樣做吧？」請示主管做最後的判斷。

當然，能獲得良好評價的是後者。

那麼，到底該怎麼算呢？

單價500日圓×2000個＝總額100萬日圓

單價450日圓×2500個＝總額112萬5000日圓

也就是說，下單2500個的話，所需的2000個是以每個500日圓買到，而額外多買的500個，則以12萬5000日圓就能買到。

單價12萬5000日圓÷500個＝單價250日圓。

此為額外多買500個的單價，姑且先算到這裡就好（▼圖表20）。

▼ 圖表20 訂單批量的思考方式

必要數量為2000個，但買2500個的話，單價會降低。
以下是用來判斷該選擇哪個下單量的計算方法：

個數	單價	總額
2,000	500日圓	1,000,000日圓
2,500	450日圓	1,125,000日圓

針對買2500個的情況，計算多買的500個的單價

總額差	個數差	多買部分的單價
125,000日圓	500	250日圓

由此可知，需要2000個時，用500日圓的單價下單2000個，
同時再多買500個的話，多買的部分只用每個250日圓（半價）就能買到。

在此例當中，所需的數量是2000個。只因便宜就多買500個，要是沒賣完會被銷毀，終究是會虧本的。

那麼，需要再賣出多少個才划算呢？多的500個，每個成本是250日圓，是平常的一半。假設其一半數量，都被當成不良庫存而銷毀，這就和以單價500日圓加買250個的情況一樣。亦即若能再賣出250個，多買就划算。

若預期該商品還能多賣出250個以上的話，最好下單2500個；若預期不可能再多賣出250個以上的話，多買的部分就會變成不良庫存，導致虧損。

因此，可試著以如下的說法與主管商量——

「多買的500個等於是以半價250日圓買到，只要能賣出一半數量的250個以上，就不會有損失。而依據銷售部門的預測，到〇月〇日爲止可再賣出250個，故我認爲多買比較好。您覺得是否可行呢？」

對於發生在日常工作中的事，請務必在自己的腦袋裡進行「數值化」並嘗試思考。

★★★

31 在1年內賺取1億日圓的方法 專心1小時必得到答案之法則

花1小時認真思考，
在1年內賺取1億日圓利潤的方法

絕大多數的問題，只要專心思考1小時，就一定能得到答案。會煩惱「不知該怎麼辦好」，都是因為想到一半就放棄的關係。

舉例來說，假設出個題目「請你花1小時，專心思考在1年內賺取

1億日圓利潤的方法」。前提是必須在不違反法律的情況下，只要不造成別人的困擾，做什麼都行。

我曾多次讓員工們分小組思考這個問題。

實際上，只要認眞地專心想，就能想出可實行的點子。

首先，最單純的就是「報酬型」的方法。

這可以是任何職業，亦即自行付出勞力工作以賺取1億日圓的方式。

只不過，這種方式需要技能及才能，如果現下不具有那種程度的技能，很難在1年內賺到1億日圓。

接著，便會想到「利潤型」的方法。

也就是開發商品或服務，進貨並出售，以銷售額減去成本價爲淨收入（利潤）的方式。

而「利潤型」的方法，至少要有1億日圓以上的銷售額。

解決通往1億日圓的六個課題

課題❶ 如果先不管利潤的話，如何達到1億日圓以上的銷售額？

✓ 收購年營業額1億日圓的公司。
✓ 尋找年銷售業績1億日圓的業務員。
✓ 和年銷售業績1億日圓的人結婚。

就像這樣，即使荒唐無稽也無所謂，總之盡量找出各種理論上可行的方法，便能找出如下這種稍微看得到可行性的方案：

✓ 以1億日圓的價格，販賣成本價1億日圓的商品。在網路上以成本價銷售個人電腦，放在「kakaku.com」（日本的比價網站）上販售，一定賣得出去。

課題❷ 以前述賣個人電腦的方案來說，銷售額雖有1億日圓，但毫無毛利。要怎麼做才能有毛利呢？

✔自行組裝便宜的個人電腦來賣。售價減2成，毛利2成，成本價6成，便可獲得2千萬日圓的毛利。

課題❸ 組裝的部分該怎麼處理？

✔1台10萬日圓的個人電腦，以8折販賣1千台，一年的銷售額便是8千萬日圓。

✔1天必須製造出3台（1000台÷365天＝1天約3台），但自己一個人做不來。

✔雇用3名打工人員，每人1天組裝1台，自己則負責訂單處理、出貨及網站營運等工作。打工人員的費用，是每個月15萬日圓×3人×12個月＝540萬日圓。

毛利2000萬日圓－打工人員的費用540萬日圓
＝1460萬日圓（利潤）。

課題❹ 原料費用的資金要從哪裡來？

✓ 製造個人電腦的原料費用必須先付。原料費用為一年6千萬日圓（每月500萬日圓），故必須先籌措第一個月的銷售量的製造成本，亦即500萬日圓。

✓ 也就是，只要向銀行借500萬日圓即可。

課題❺ 銀行若是不肯借500萬日圓的話，怎麼辦？

✓ 去找願意借的銀行。

✓ 說明這是個投資500萬日圓，1年可產生1460萬日圓利潤的超高收益事業，藉此募資。

課題❻ 雖然產生了1460萬日圓的利潤，但距離1億日圓還差8540萬日圓，該如何補足？

✔ 將個人電腦事業的銷售額增加到7億日圓。

✔ 以同樣模式，再於個人電腦以外的其他領域，發展出「六項」事業，這樣就能開心地賺進1億日圓。

徵才考題：「如何在1年內賺到1千萬日圓？」

過去有一段時間，敝社的徵才考試中包括了「如何在1年內賺到1千萬日圓？」這一考題。

很多人都會直接回答：「我想不出來。」連想都不願意想。

也有人回答：「抄股票。」只是當被問到：「你知道靠股票賺到1千萬日圓的方法嗎？」時，對方卻沉默了。

這時，旁邊有人幫忙回答：「跟朋友商量。」又被進一步追問：「那你朋友知道賺取1千萬日圓的方法嗎？」時，他說：「我不知道。」之後便沉默不語。

在這些人當中，有個在當家教的人說：「時薪2千日圓的線上家教，1天做14個小時，做358天就能賺到1千萬日圓。」

這些構想當然不可能直接實行，必須鍥而不捨地篩選、琢磨到最後，達到可能執行的程度才行。

之所以會找不到答案，都是因為停止思考的關係。只要專心思考1小時，必定能找到辦法。

請試著與團隊討論一般會覺得「這不可能、這辦不到」的課題，這樣就能找出各式各樣解決問題的方法。

即使是認定「不太可能做到」而已經放棄的事情，只要認真思考1小時，也都必定能夠找出答案。

★★ 32

變得想要挑戰新事物
以70%成功率挑戰之法則

為什麼70%的成功率就行得通？

在判斷事情「是否可行」時，「不試試看不會知道，總之碰運氣賭一把」的方式，正是所謂的有勇無謀。

若在確定「絕對可行」之前按兵不動，又會變得永遠都無法實行。

因此，當事情「有70%的機率行得通」時，就直接挑戰看看。前提是，你必須徹底思考並研究，直到將機率提升到70%爲止。

達到70%就行動的話，等於假設30%會失敗。

不過，失敗並不全然是壞事。在公司內累積「這樣的做法會失敗」的資料，試著將其視爲一種防止日後失敗的有益業務。

不過，重複同樣的失敗，並沒有意義。由於將機率提升到70%爲止的調查不夠嚴謹，下次要調查得更加徹底才行。

此外，失敗僅限於不對公司造成致命傷的範圍內。

就算有90%的成功率，一旦失敗就會負債1百億日圓而導致公司破產的話，那就挑戰不得。

隨著經驗累積，成功率會逐漸提升至80～90%。

不過，光這樣並不代表自己在成長，只能說有進步而已，也證明了沒有接受新的挑戰（成長與進步的不一樣▼P306）。

提高挑戰的層級，以維持70%的成功率，可說是非常重要。

★★ 33

隨著對未來職涯的意識漸增而成長
按年齡逐步提升之法則

如何培養各年齡層所需的「四大技能」

各個年齡層所需要的技能、必須培養的能力都不太一樣。年輕時一旦因做出成果而得意忘形，很快就會被同事或後進給超越。

在此，我特別整理了各個年齡層，分別需培養的四項技能（▼圖表21），以供各位參考。

▼ 圖表21 各個年齡層分別需培養的四項技能

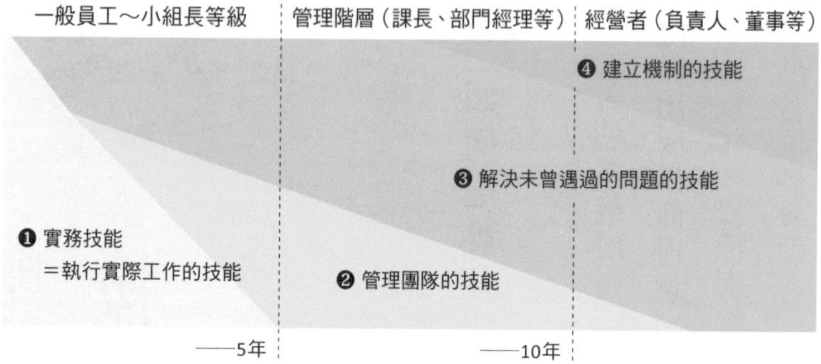

STEP❶實務技能＝執行實際工作的技能。

STEP❷管理團隊的技能。

STEP❸解決未曾遇過的問題的技能。

STEP❹建立機制的技能。

STEP❶ 實務技能＝執行實際工作的技能

雖說依照職種不同會有些差異，不過大部分的職種通常都只要3～5年就能熟練。在職5年的人，和在職15年的人的成果貢獻度，基本上不會有太大差異。

靈巧的人很快便能學會，若就此滿足，之後技能很難再有所提升。因此，只有實務技能特別強的人，第5年之後，薪水往往不會增加。

STEP❷ 管理團隊的技能

這是在掌握實務技能之後，進一步推動組織、團隊以做出更大成果的技能。不僅以一般員工的身分發揮作用，還要培養如下這些技能，才能管理由多人執行的大規模業務。

- 妥善掌握整體團隊的工作，而非個人的工作。
- 以容易理解的方式培育他人，並教導他人該如何工作。
- 管理他人的工作。
- 對他人進行心理管理。

然而，即使5年左右便掌握了管理的基礎，光是如此，並不會在之後有太大的成長。

STEP❸ 解決未曾遇過的問題的技能

這是指在發生未曾遇過的問題時，能自行「創造出」原創解決方案的技能。經歷過的問題，可以用「經驗值」來解決。

「經驗值」較高的人，乍看似乎「問題解決能力」很高，一旦遇上未曾經歷過的問題時，也有可能會完全應付不來。

「經驗值高，所以解決力高」和「解決未曾遇過的問題的能力高」是兩碼子事。

對公司來說，當發生了未曾遇過的問題時，「雖然知道應該要解決，但自己解決不了，就交給主管處理」的人，還是不及格的。

對公司來說，未曾遇過的問題，對主管來說也是未曾遇過的問題。

解決未曾遇過的問題的技能，和「經驗」無關，需要的是「意識」。

首先，你必須具備「直到解決爲止，絕不放棄」、「如果必須要有人去解決，就由我來」的當事人意識。

相反地，一旦覺得「這是不可能的」、「不切實際」、「辦不到就是辦不到」而停止思考，人便會完全停止成長。

請實行「專心1小時必得到答案之法則」（▼P258）。

由別人來做的話，問題或許會解決。但請試想：「這世上沒人做得到嗎？」「那種做法，一定要有特殊的能力才做得到嗎？」

這和「最終目標倒推思維」（▼P118）是一樣的。

STEP❹ 建立機制的技能

培養出「❶實務技能」、「❷管理團隊的技能」、「❸解決未曾遇過的問題的技能」之後，便要建立可由組織來解決問題的機制。

不是要教育員工，而是要想出「不容易發生問題的機制」、「能夠有系統地解決問題的機制」，要創造「問題變得不再是問題的狀態」。

建立出可由他人以常規方式解決的機制，這就是經營者的工作。

34

讓人生變得學無止盡 聚焦成功人士的2成之法則

助手無法超越師傅的理由

當有個人在某個領域獲得了超群出眾的成果，那麼從稍微有點距離的位置來看這個人時，就能將之視爲「成功人士」予以尊敬並學習。

然而，若跟在這種成功人士身邊，反而會學不到他的厲害之處。

再怎麼成功的人，也是人。整體的2成很優秀，8成很普通，或者也可能有不好的部分。

一旦靠太近，會把目光聚焦在8成的部分，而看不見那優秀的2成。

對於原本以爲具非凡魅力的人，就會開始覺得「什麼嘛，意外地其實沒什麼了不起」、「這個人會成功，應該是走運吧」、「如果連這個人都能這麼成功，只要花點時間，我應該也能一樣成功」。

也因此，即使難得能夠待在其身邊，也是學不到東西。

很多的第二代社長，都會陷入這種「距離成功者太近，反而學不到東西的困境」。

例如；「雖然大家都說我爸是一位傳奇的經營者，但他在家都只是喝酒發懶而已」、「既然連這樣的老爸都能成功，我應該會更厲害」。

在演藝圈，與師父長時間相處的弟子，很少有人能夠超越師父，因爲這些弟子只把師父當成一個「人」來看。

由於靠得太近，以致於無法客觀地看見其技藝令人驚嘆之處。

另一方面，歌舞伎等傳統表演藝術領域和財團型的企業等，則因爲理解此法則，故具有系統性的培育機制。他們會讓親子從小就保持一定距離，規定小孩講話要用敬語，並學習傳統表演藝術及帝王學。

只從成功人士身上學習「2成的優點」

基本上，身邊有成功人士就表示你所在的環境有利於自己成長，這點切勿忘記。

由於就在身邊，不僅能學到顯性知識，也能學到隱性知識。

首先，應該要專注於學習成功人士「2成的優點」。

若是看見8成的「普通之處」及「缺點」，而覺得「跟我沒什麼兩樣」時，就要重新思考「明明沒什麼兩樣，爲何這個人卻這麼成功？應該有我沒注意到的部分才對。」更仔細分析對方與自己的差異。

我就是做了這件事，才注意到事業有成的社長和我之間的差異在於，「將行動付諸實行的比率」。

此外，還有別的辦法，可以只從成功人士身上學習「2成的優點」。想從成功的朋友那裡學習思考方式及專業知識時，雖說一邊用餐一邊問問題，對方也會確實回答，但這樣無法有系統地傳達，而且也可能會在過程中注意到朋友的「普通之處」及「不好的地方」，而妨礙了學習。

因此，你可以請那位朋友開個學習小組，有系統地進行授課。

學習老朋友的優點，可以改變人生

只要聚焦於「2成的優點」，貪婪地用心學習，從朋友身上也能深入學到很多。

與老友重逢時，我們會向彼此寒喧著「你都沒變」這種話，但儘管核心沒變，每個人的周邊必定仍有改變。

如果完全沒變，就表示毫無成長。

學得多的人，並不是比別人發生更多可以學習的事件，而是能從和別人一樣多的事件中，學到更多東西。

看到朋友比自己優秀時，你是試圖找出他的缺點，想著「那傢伙這部分很糟糕」？還是想著「只要學習他優秀的部分就好」，以聚焦於其2成的優點並加以學習？

這兩種不同的選擇，將大幅改變你的人生。

35

★★★

逆向操作讓工作變得10倍有趣
放過現在就是機會法則

僅此一次的機會絕對抓不得

在工作的過程中，有時會遇上所謂的「熱潮」。

這時，周遭的人很可能會建議說「現在正是開始○○的好機會。」

正是在這種時候，更要用自己的腦袋冷靜思考。

創立公司時，我已超過30歲了，就創業家而言絕不算年輕，當時認為自己沒有回頭路，於是我重視的是事業的持久性。

因此，我必須找到具持續性的機會，而非僅此一次的機會。

商業是有趨勢的，雖然靠趨勢可以賣出商品，可是一旦趨勢改變，就會漸漸賣不出去。所以，我選擇靠品質來銷售，而不是順著趨勢銷售。將所有資源集中至此，努力實現別人模仿不來的品質。

因為品質與回購率直接相關，只有能持續銷售的商品，才可以創造出高額利潤，促進事業的持久性。

「現在就是機會」，並不是「真正的機會」

所謂的「現在就是機會」，嚴格來說，應該是「只有現在是機會」，這並不是真正的機會。

在說出「現在就是機會」的那一刻，它就已不具重現性了。要持續做出眞正成果的人，可沒空去抓住那種短暫的機會。因爲「僅限現在的機會」即使在短期內很成功，但已預期得到過幾年後就會不行。

當你很在意「是否眞的會變不行？」時，就仔細研究過去的案例，一定會有類似的例子。

在餐飲業長期持續成功的人，多半不會試圖去做現下流行的甜點店。現在立刻開店想必生意會很好，但兩年後，熱潮應該就會結束。

可預期培養了一年的東西將瞬間歸零。

做生意必須於累積經驗的同時，也持續成長，所以不能把資源分配給已知早晚會歸零的事物。

如果眞的想成功，就要建立10年後、20年後也能持續的事業。

從做生意要持久的角度來看，「僅此一次的機會」不具重現性，也無法成爲成長的基礎。

36

避免搞砸眼前的機會

探問已成功前輩法則

如何增加電子報的訂閱數？

這是我開始發展電子商務事業時的小故事，當時我賣的是螃蟹及哈蜜瓜等北海道特產。

在二〇〇〇年左右，那還是個很少人會在網路上買東西的時代。月銷售額若是達到1百萬日圓，就能成爲業界巨星而寫成一本書。

我為了提升銷量做了很多嘗試，但月銷售額一直都只有10萬～20萬日圓左右，難以突破。

有一次，我和同業交換資訊時，聽說「發行電子報可以讓商品賣得好」。亦即不是只建置網站等顧客上門就算了，而是進一步讓顧客登錄以接收電子報，透過用電子報介紹商品的方式，讓銷路更好。

如此一來，電子報的訂閱數就變得很重要。

那麼，該如何增加電子報的訂閱數呢？

當時的網站很流行舉辦抽獎活動。只要公布「以抽選方式贈送帝王蟹給○位網友」的資訊，然後在網友們申請參加抽獎時取得許可，再將其登錄至電子報的接收名單中，即可藉此增加訂閱數。

我直覺認為「就是這個了！」

沒想到有人卻說：「那種做法行不通。來參加抽獎的人都只想要免費獲得商品，並非想買才參加。這種做法無法促進後續的商品購買。」

後來仔細思考後，也覺得確實是如此，便打消了這個念頭。

如何不讓主觀想法封鎖了可能性

過一段時間，我去參加一個月銷售額超過1百萬日圓的研討會。據主講人說，他是用電子報來增加銷售額，於是我便利用問答時間，進一步詢問——

「您的電子報讀者是怎麼找來的呢？」

「是用舉辦抽獎活動的方式找來的。」

對於他的回覆，讓我十分驚訝，我又繼續追問——

木下：「來參加抽獎的人是受到『免費』的吸引而來，他們根本沒打算買東西，不是嗎？」

講師：「也不盡然。的確，可能有一定數量的人是如此，但眞的成爲顧客並持續回購的人也很多。」

這才晃然大悟，**由於自己的主觀想法，而封鎖了吸引顧客的可能性**。

我立刻舉辦了抽獎活動，結果月銷售額馬上超越1百萬日圓。從那之後，我便將策略轉變爲以獎品來吸引電子報讀者，並研究要提供怎樣的獎品才能讓參加抽獎的人數增加。

沒想到，我成功吸引到大量的訂閱者，而且那樣的人數在日本可算是名列前茅的等級。

每個人都會覺得，既然要花時間，就花在機率高的事物上。

然而，**不能讓主觀想法毀掉所有可能性**。

參加抽獎的人並沒有發誓「絕對不買」，只因爲我一心認定這做法行不通，就浪費了半年左右的時間。

那麼，該如何判斷某個想法是否爲主觀想法呢？

事前的研究調查很重要之外，更要進一步找出以該策略成功的前輩，徹底問清楚。

普通人也能超越天生的領袖
後天領導者法則

「王牌」、「隊長」及「總教練」
分別需要不同的能力

王牌是指在實務層次上，工作做得最好的人；隊長是以領導者身分，帶領團隊成員的人；而總教練則是訂立策略，並選擇成員的人。經營者和管理高層算是總教練。

中階主管和小組長等是以隊長的角色，帶領團隊成員實現總教練所訂立的策略。

王牌則是自行做出成果，偶爾會指導、支援一下後進。

由於各個角色的適性都不同，所以從王牌到隊長，再從隊長到總教練這樣的成功路徑，本來就很奇怪。

職務型的徵才方式，是依據適性。

王牌一開始就是以王牌的角色，隊長一開始就是以隊長的角色，總教練一開始就是以總教練的角色來聘請。薪資也是以王牌爲多少、隊長爲多少、總教練爲多少的規定來處理。

很多公司都是由王牌直接升任隊長，但常常效果不佳，這是因爲王牌與隊長分別需要不同的能力。

5人中有1人不得不成為領導者的時代

領導力往往是天生就具備的。

即使沒人開口，也會自動擔起領導者的角色這點，就表示具備領導者的資質。

出了社會後，有時就算不具備領導者的資質，也會成為領導者。

考量到今日的商業結構，不論是什麼樣的公司，每5～6人就必須設置1位領導者。

一旦讓不具領導經驗的人擔任領導者，便會產生出各式各樣的問題。以往拼命工作的溫和員工，在當上領導者之後，很可能變得盛氣凌人、大耍威風。

過去默默工作的人，當上主管後，便覺得「我很優秀，所以不必做這些小事」，於是把工作全都丟給下屬。

甚至因「不能讓下屬看見自己糟糕之處」的想法太強烈，而變得無法承認自己的失敗。

後天的領導者，應該採取什麼樣的領導方式？

出了社會後，才「第一次」成爲領導者的人，原本並非領導型的人。如果任何組織都是每5～6人就設置1位領導者的話，領導者型的人的數量肯定不夠。因此，不得不先將非領導型的人置於領導者之位，再慢慢將其培育成領導者。

所以，你不是因爲領導力受到認可而被升任爲領導者，而是爲了培育領導者，將你「暫且」置於領導者之位。

這時，可千萬別爲了發揮領導力而去模仿，「大家跟著我就對了」、「就交給我吧」這類天生的領袖類型。

獲得專業人士的認可，才是真正的領導者

不屬於天生領袖的你，請學習後天的領導者該有的樣子。

後天的領導者不該採取「大家跟著我就對了」的方式，而是要當個「**無名英雄**」。

不是自己站在最前面，而是要「默默替團隊成員們收拾爛攤子」、「率先去執行成員們討厭的任務」、「由自己來負擔成員們的責任」等。

也就是，要去做「面對麻煩一馬當先法則」裡所說的，「**該做但誰也不做的『麻煩事』**」（▼P97）。

剛當上領導者時，並不會被周圍的人稱讚「那個人很了不起」。但在默默做了一陣子之後，主管或優秀的成員中便會開始有人注意到「因為有那個人，組織才能順利運作」。

這時，你才真正成為「獲得專業人士認可的領導者」，而不只是單純引人注意的領導者。

只要繼續這麼做，後天的領導者就能夠超越先天的領導者。

從現在起，爲了成爲了不起的領導者，請不要模仿「天生領袖」，而是要當一個「無名英雄」。

60幾歲才大器晚成的領導者「甘地」

有些人的領導才能在20幾歲時便得以發揮，但也有人要到70幾歲時，才開花結果。

甘地（一八六九—一九四八）就是這樣的例子。

即使在倫敦取得律師資格後，於22歲回到故鄉印度，仍因非常容易怯場而無法於法庭上進行辯論。

據說，還曾因此留下一段小故事。由於對法庭上對手的善意體貼與緊張情緒，讓他說不出話來，以致於落荒而逃，於是被烙上了「不合格律師」的印記。

之後，他在24歲時去了南非。當時南非是英國的殖民地，甘地在那裡看見許多人受到歧視，而自己也遭到侮辱性的對待。

他本來坐的是頭等車廂，站務員卻對他說：「你給我去坐貨運車廂。」甘地以「我有頭等車廂的車票」為由拒絕對方，仍被警察強行拖下火車。《甘地自傳》一書中詳細敘述了這個故事。

甘地在南非工作了21年，期間參與不少民權運動而逐漸成長。回到印度後，對英國的統治及不公進行非暴力的抵抗活動，已是45歲以後了。而於食鹽長征（Salt March）後被逮捕等，以獨立運動為中心的積極活躍，則是在61歲之後。

偉大的領導者，並不是本來就具非凡魅力的人。即使年輕時很平凡，在經歷各種經驗後，也能成長為領導者。

第 5 章

複製成功者的思考迴路

38

網路時代的成功術

複製思考迴路法則

與頂尖企業創始人之間的決定性差異

當我以新進員工的身分在瑞可利（Recruit）公司的大阪暨難波營業所工作時，有一天，該公司的創始人江副浩正先生突然來了。

雖然已卸下社長職務，但對員工們來說，他依舊有如神一般的存在。

我對他的第一印象是，個子相當矮小，身高約160公分左右，是一位滿頭白頭髮的小個子大叔。

江副先生一來就得意地說：「我以前曾來過這個大樓喔！」

這句話卻令我心頭一驚。

當時的難波營業所是瑞可利公司自有的大樓，而這位小個子大叔所擁有的大樓，多到他可以驕傲地對說出「曾經來過」這種話。而我只是在他所擁有的眾多大樓中的一個辦公室裡，默默工作的一名員工罷了。

在動物的世界裡，通常都是由體型大者來統治群體；可是在人類社會中，除非是運動選手，否則體型大小並不重要。

就身體而言，我的體型顯然比江副先生更大、更年輕，看起來較具優勢，而且我們兩人一天都只有24小時可用，並無差異。

換言之，在物理上我沒有任何一項條件比江副先生差。但實際上，這位小個子的大叔是這家大企業的老闆，而我只是該企業的基層員工。

這讓我重新體悟到一個顯而易見的道理，那就是成功人士與非成功人士間的差異，和「物理上」的因素毫無關連。

「向誰」傳達了「什麼」？

那麼，我和創辦人江副先生之間的差異從何而來呢？

經過一番深入思考後，我發現：除了「在這世上『向誰』傳達了『什麼』」這點之外，別無其他。

在藉由互相溝通而成立的人類社會中，終究是由「向某人傳達了某事」這點決定了一切。

在溝通方面，若能對合適的人傳達適當的內容，就會順利成功；若是對不合適的人傳達了不適當的內容，就無法成功。

我領悟到，思考並做出判斷，然後採取行動，正是在人類社會中能夠成功勝出的方法。

我想，江副先生就是因爲在這方面一直做得很好，才會如此成功。反過來說，只要有做到這點，應該任何人都能夠成功才對。

於是自那時起，我便一直採取「成功與否，和物理上的因素毫無關連」、「任何人只要能把『向誰』傳達『什麼』這件事處理得很恰當，就能夠成功」這樣的想法。

我略過那些看見成功人士就眼紅地說：「那人只是因爲〇〇，才成功的啦」的人，而實在地執行遇見江副先生時所領悟到的道理。

坂本龍馬在動盪幕末，成為關鍵人物的理由

我很喜歡坂本龍馬，18～19歲時便認眞思考過「龍馬爲何能夠如此活躍？」這個問題。

身處於幕府勢力動搖、被許多國家逼迫開放的時代轉折點，固然是一大因素，可是活在同一時代的其他人，並沒有各個都像龍馬一樣活躍。

要說龍馬的成功因素到底爲何？我想應該是「向誰」傳達「什麼」的質與量，與周遭志士截然不同的關係。

在毫無後盾的狀態下，透過與各藩關鍵人物談論國家未來的形態，促成了薩長同盟、大政奉還。

首先，一介脫藩浪士竟然能夠與各藩關鍵人物直接對話，這到底是怎麼做到的？

想必這也是取決於，他和關鍵人物之外的「誰」說了些「什麼」吧？妥善發言，好讓對方覺得「可以讓這個人和上頭的人見面」，就這樣一路串連，才終於到達關鍵人物的面前。

業績好的人，和業績差的人之間的差異，也同樣來自「對誰」說了些「什麼」；人脈也取決於此。

若是想做出成果，就必須改變說話的「對象」和「內容」。

爲此，請仔細觀察那些成功的人。

確認自己身邊做出成果的人，都「對誰」說了些「什麼」。他們說話的「對象」可能是一流的人物，而所說的「內容」，或許是非常有價值的資訊。

另一方面，沒做出成果的人，可能只是和朋友在聊些沒營養的話題。一定要盡快取得成功人士的「思維演算法」才行。

沒有哪個時代比現在更容易成功的了

人與人之間的溝通逐漸從「面對面」，變成了「透過網際網路」。

新冠疫情所導致的遠距工作普及，更加速促成了這一現象。

此外，社群網站的普及，也增加了一般人與關鍵人物能夠直接對話的機會。

說到底，現代很多工作不是在電腦或手機上敲鍵盤、按東按西，就是在線上和某些人說話。

明明很多人都做著同樣的事情，但有的人成功，有的人卻沒有，這是爲什麼呢？

歸根究柢，現代的成功人士與非成功人士之間的差異——

- 如何移動滑鼠？
- 點擊何處？
- 按哪個鍵盤按鍵？
- 用Zoom和誰說些什麼？

只要會用滑鼠，會打鍵盤，能使用Zoom，要追上成功人士其實很容易。「對誰」說「什麼」，變成了滑鼠與鍵盤操作。現代的成功術，濃縮於此。

成功者的「思維演算法」免費公開中

雖然看到江副先生，讓人意識到我們之間只有「向誰」傳達了「什麼」的差異；實際上，我無從得知他到底「對誰」說了些「什麼」。

不過，透過網路的溝通，很多時候都會留下其內容記錄。

要取得私人電子郵件內容很困難，但其他人與成功人士在社群網站上公開互動的文章及影片，往往都會以隨時可再回顧的狀態被記錄下來。

換言之，這就像是把成功人士的「思維演算法」免費公開一樣。

請仔細查看這些內容，並將成功人士所輸出的資訊逐一輸入。閱讀他們寫的文章，欣賞他們製作的影像，觀看他們談話的影片。

要一個不漏地，一次又一次地徹底檢視。

在這樣的過程中，當你的文字及影像風格和成功人士越來越像，甚至被傳染了口頭禪時，「思維演算法」就會變得相似。

到了這程度，當面對類似的事件時，若你能採取和成功人士同樣的滑鼠動作，並點擊同樣的部分，按下同樣的鍵盤按鍵，用Zoom和同樣的對象說出同樣的話，那麼，你應該已經成功了。

如何能夠更成功？

爲了要更成功，你可以在複製成功者的同時，再加上自己的特色，這樣就能夠超越原本的成功者。

讓我用作業系統和應用程式的關係，來說明這個道理。

假設，把人「基本的思維方式、基礎」等能力視爲作業系統，把「技術性的方法」視爲應用程式。

首先，將自己的作業系統，替換爲成功者的作業系統。爲此，就要培養成功者的思維方式與基礎。

就如前述，現在網路上到處公開了許多成功人士的作業系統。請閱讀他們的文章、觀看他們的影片。

一旦徹底做到這點，你的文字風格、氣質便會和成功人士越來越像，當連口頭禪都開始雷同時，思考迴路就變得相似。

由於就算在家也都能輕易複製成功者的作業系統，所以說，**沒有哪個時代比現在更容易成功的了**。

接著，再安裝自己的經驗、想法、技能等應用程式。

即使是同樣的技能，若安裝在不同的作業系統上，也能發揮出比原本更好的效能。若你擁有更好的應用程式，就能比原本的成功者更成功。

在沒能成功的自己的作業系統（自我本色）上，再怎麼安裝成功者的應用程式（技巧），都無法順利運作。

這是因爲基礎不同。

然而，很多人都沒理解到這點，就只是盲目地磨練技能，根本無法獲得任何成果。

另外，還有一種常見的錯誤，就是明明還沒安裝好，卻自以爲「已將成功者的作業系統安裝完成」，便急著裝上自己的應用程式。

這種人乍看似乎會順利成功，其實往往注定會失敗。

請務必確實查明，自己是否眞的已安裝好成功者的作業系統？

我過去也曾複製許多成功者的作業系統（思維方式），藉由再加上自己原創的應用程式，於是超越了原本的成功者。

另一方面，也有人是複製我的作業系統，再加上其自己的應用程式後，超越了我而大獲成功。

正因爲這件事很重要，才必須一再反覆實行。

這世上的成功人士都是這樣產生出來的。

這是個待在家也能輕易複製成功者思考迴路的時代。

若想成功，就必須理解成功者的誕生機制。

39

成長和進步不一樣

拋開自己就會成長之法則

「成長」與「進步」有何不同？

所謂成長，是指朝著「理想的自己」，自行設定課題，用自己的方式下功夫學習或練習，以培養過去不具備的技能。

所謂的進步，則是在反覆完成「別人所指派的工作」的過程中，提升自己目前具備的技能。

▼圖表22 成長與進步的差異

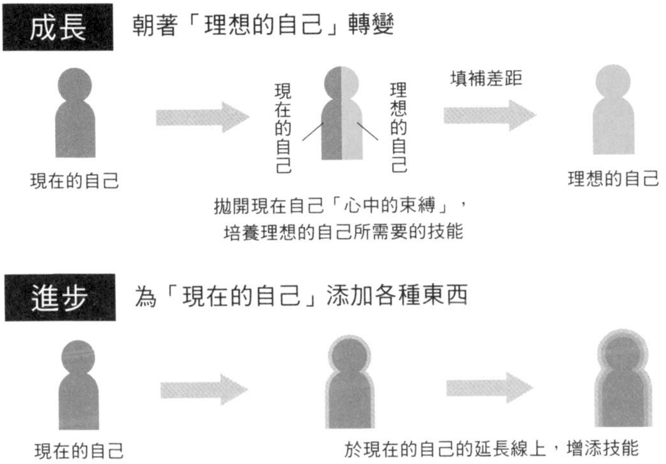
成長
朝著「理想的自己」轉變
現在的自己
現在的自己
理想的自己
填補差距
理想的自己
拋開現在自己「心中的束縛」，
培養理想的自己所需要的技能
進步
為「現在的自己」添加各種東西
現在的自己
於現在的自己的延長線上，增添技能

以成長來說，要培養什麼技能是取決於「理想的自己」。就進步而言，要取得什麼技能，則是由「他人（主管等）」來決定的。

想像成長時，一般很容易想成是爲現在的自己添加各式各樣的東西，但其實那是「**進步**」，不是成長。

成長是要填補「理想的自己」與「現在的自己」之間的差距，**所需要的是轉變，而非添加**（▼圖表22）。

人即使進步了，終究還是於現在的自己的延長線上，沒有太大改變。

然而，有所成長的人，則可能完全變了一個人。

為了要成長，有時可能必須勇敢捨棄現在的自己所擁有的。

一直保持著現在的自己，就絕對無法改變。

爲了從「現在的自己」變成「理想的自己」，必須確認「是什麼阻礙了成長」，勇於捨棄主觀想法或是拋開心中的束縛，可說是非常重要。

40

只要接觸就會成真
懂得何謂一流之法則

如何在短短一週內，
學會分辨一流品與仿造品

日本有個電視節目時常邀請許多藝人齊聚一堂，看看他們能否區別「一流品」與「仿造品」的不同。

那麼請問各位，你能夠區別兩者的差異嗎？

有部漫畫作品，其內容是關於辨別一流陶瓷器的方法。

在陶瓷器的世界裡，一流品可能價值數百萬、數千萬日圓，但外行人幾乎無法辨別一流品與1千日圓的陶瓷器有何差異。據說，要成爲熟練的「鑑賞家」，需要好幾年的時間，甚至是幾十年。

然而，在那部漫畫裡，卻提供了能在短短一週內就學會分辨一流品與仿造品的方法。

主角首先準備了很多一流品的茶杯，接著讓弟子用這些茶杯喝茶，讓嘴唇逐一接觸每個茶杯的杯緣。就這樣持續了六天，到了第七天將仿造品混入這些茶杯中。

結果，弟子在嘴唇碰到仿造品的瞬間，就感覺到不對勁，立刻便發現「這個不一樣」。

一流與否的判斷標準

在這部漫畫中，茶杯的價值不是以「誰製作的」、「外觀是否美麗」、「具有怎樣的歷史」等外在價值來判斷，而是以「能否讓人喝茶喝得舒服」這種原始價值來判斷。

原本茶杯的價值，就是以「做爲茶杯使用時很優秀」爲出發點。然後有一些人開始想要茶杯，當想要的人數多到一定程度時，供給量便會不足。這時就會出現溢價，導致價格上揚。

因此，起始點終究還是「就茶杯的功能而言的價值」。被稱做一流的東西，是因爲在原本的使用目的上十分出色，所以成爲一流。就使用者的感受而言，「良好與否」這種判斷標準是最重要的。

網路上新的「B to C」服務，我只要看一眼就知道會不會賺錢。而在做這種判斷時，也是從「做為一名使用者，是否覺得好用」的觀點出發。

一開始再怎麼有名，再怎麼大肆宣傳的服務，如果很難用，原始價值就很低。

不論是由知名企業率先提供的服務，還是電視上拼命打廣告的服務，只要難用，使用者必定會馬上離開。

一流必須要具備「原始價值」才行。

2萬日圓的牛仔褲和3900日圓的牛仔褲，哪裡不一樣？

在前述的漫畫中，還藏著另一個重點。

「在持續接觸一流品的過程中，一旦碰到仿造品，立刻就會感受到不對勁」，而並不是「在持續接觸仿造品的過程中，一旦碰到一流品，立刻就會感受到不對勁」。

只要持續接觸一流品，眼光就會變高，漸漸的能注意到與仿造品的差異，很快就能清楚辨別一流與其他的不同。相反的，持續接觸仿造品，則沒有任何好處。

其實，我本來就對服裝沒什麼興趣，穿的也是便宜衣服。因此，眞的不知道3900日圓的牛仔褲和2萬日圓的牛仔褲有什麼不同？

過去我都覺得，大概是布料和設計上的差異吧？但3900日圓的也有很多種布料與設計，選擇相當多，光這樣就能有5倍的價格差距？或許買2萬日圓牛仔褲的人，是爲了虛榮的「名牌」才買的吧？只是名牌這種東西，要看標籤才會知道，如果被上衣蓋住了，那2萬日圓的價值不就完全白費了嗎？到底是爲什麼要用2萬日圓去買3900日圓就買得到的牛仔褲呢？

想不透的我一直都只穿3900日圓的牛仔褲，直到結婚後，太太開始幫我選衣服時，我被要求買2萬日圓左右的牛仔褲。老實說，要花2萬日圓去買看不出與３９００日圓的產品有何差異的牛仔褲，著實令我感到痛苦，但又無法違逆太座，於是身上穿的衣服開始變得有點貴。

結果，一旦牛仔褲只穿２萬日圓左右的產品，再回頭穿３９００日圓的牛仔褲時，立刻就能感覺到不對勁了。雖然難以用言語說明，不過２萬日圓的牛仔褲能讓身形會有立體感，反觀３９００日圓的牛仔褲就是扁扁平平的。

當只穿３９００日圓的牛仔褲時，我無法理解與２萬日圓的牛仔褲有何差異；然而，一穿起２萬日圓的牛仔褲，就明白與３９００日圓的牛仔褲差異爲何了。

業界第1的員工，和萬年第2的員工決定性思維差異

我以前曾任職的瑞可利公司，是該業界第1的企業。

當時，曾發生一件事讓我體悟到，「業界第1都知道自家公司為何是第1。但第2以下的公司，卻都不知道為何無法成為第1」。

我有一位高中同學恰巧就任職於該業界第2名的公司，有次見面他對我說：「你們公司之所以是業界第1，只是因爲碰巧比我們公司早進入市場罷了。」

聽了這句話，我當下就覺得這差距應該是永遠都補不起來了。

說得明白些，瑞可利與業界第2名的公司，在銷售能力上的差距可謂懸殊。竟然沒注意到該差距，而是把自家公司萬年第2的理由，單純歸咎於「時機與運氣」。

事實上，後來的排名也就如我所預期地保持不變。

第1名的公司盡力成了第1，而第2名的公司也盡力成了第2。

第1名有成爲第1的理由；而第2名以下的，也有其成爲第2以下的理由。

說來可悲，第1名能夠理解第2名以下的爲何會是2名以下，但第2名以下的，卻無法理解第1名爲什麼能夠成爲第1。

要成為第1，就要進入第1名之中，接受第1名的常識薰陶，這點很重要。

每當有人來跟我商量找工作的問題時，我一定會給以下的建議——

「行業的規模可以小，但請務必到該業界第1的公司去。」

「從第1名的公司可以跳槽到第2名的公司，但第1名的公司很少會接受從第2名以下的公司跳槽過來的人。比起同業第2以下的有經驗的人，他們更偏好採用來自其他業界的沒經驗的人。」

所謂「曾待過同業第2名以下的公司」，就表示曾受過業界第2以下的常識薰陶，很可能無法理解第1名的常識。因此，還不如期待未曾受過業界常識薰陶的無經驗者之發展潛力。

這就是經營者的判斷。

三流的人絕對不能做的事

所謂見地，是由來自周圍人們的影響所培養的。

想要增進自己的見地，與「很有見地的人」接觸是最好的，但必須仔細挑選對象。

假定自己是三流，且以一流為目標，那就別接觸一流以外的人。

最該避免的，就是「與二流的人接觸」。

對三流來說，二流的人在自己之上，故會直接受到影響。

二流的人主要分為「早晚會成為一流，但目前還是一流的人」和「萬年二流的人」這兩種。

能與前者接觸固然很好，可是一旦接觸了後者，就會受到「萬年二流」的影響，於是養成「永遠無法成為一流的見地」。

靠著三流的見地，是無法辨別眼前的二流為前者還是後者。

因此，當自己還是三流時，最好別和二流的人接觸。就算被二流的人邀約，也要找理由拒絕。

不過，若自己成了二流，站在同樣立場已變得能夠區別前者與後者的話，就可與其往來、接觸。

若是想在最短的時間內提升自己的見地，那麼下定決心「現在不和一流以外的人接觸」是很重要的。

為什麼懂得一流就不會被騙？

話說回來，「懂得一流」有什麼好處呢？

令人意外地，一旦懂得一流，就不會被騙。

這世上的「好東西」，是由2成的「真正的好東西」和8成的「只是據說很好的東西」所組成。

所謂「只是據說很好的東西」，往往都是「有權威的人曾經說過很好」，其根據就只是「其他有權威的人曾經說過」而已。

很多人都會購買「只是據說很好的東西」，結果卻很失敗。

一旦培養出能看出一流的眼光，就不會被「只是據說很好的東西」給愚弄。

有了能看見一流事物的眼光，便會發現「值得買的東西意外地很少」。漸漸地不太會去購買奇怪的東西，錢也能省下來，變得只想買少量的好東西，然後用久一點。

隨著網路的普及，各種商品與服務的真面目逐漸浮上檯面，假商品與假服務的表面鍍金，持續剝落。

現已進入只有「一流的真品」才能生存的時代。

即使拙劣又沒有什麼好技術，只要是「貨眞價實」，就能靠著口耳相傳擴展出去。

唯有貨真價實才行得通的時代，學習「一流」格外有意義。

41

讓盟友自動增加住宅大樓招呼法則

普通人和有錢人，哪個比較蹺？

以下是我住在某租賃住宅大樓時，遇到的眞實故事。

那是一棟30層樓高的高級住宅大樓，而我發現裡頭的住戶們存在著有趣的法則。

說到高級住宅大樓，總給人租金貴到離譜的印象，其實並不是每一間的租金都很貴。基本上，樓層越高的越貴，越低就越便宜。

雖說對於要把收入的幾成拿來租房子這點，每個人的看法都不同，但住戶們大致上是「住在越上層的人越有錢」，「住在越下層的人就沒那麼有錢」。

而依據我的觀察，該大樓裡似乎分別住著以下這些人——

- **30～28樓：開公司或開店的老闆家庭**

這大樓從28樓開始租金突然變高，27樓和28樓的坪數相同，租金卻差了10萬日圓。28樓以上的人早上不會出門上班，而且不論何時遇見，都一定穿著高級的便服（沒看過他們穿西裝）。

- **27～14樓：相對薪資較高的上班族家庭**

各個都穿高級西裝，開好車，渾身散發著精明幹練的光環。

- **13～2樓（1樓是大廳）：普通的上班族家庭**

住著一般的上班族家庭，不具奢侈氛圍。

在高級住宅大樓裡，有錢人和普通人生活在同一個屋簷下。觀察人們的行爲舉止，便能看出「有錢人的特徵」和「普通人的特徵」。

每次在電梯或大廳等處碰到其他住戶，我都會開口說「你好」、「早安」等，跟對方打招呼。

有些人在我開口前就會先大聲向我打招呼，或是在我主動打招呼後，滿臉笑容地回應我；但也有的人會完全忽略我，態度傲慢地不發一語。

那麼，有錢人和普通人，哪個態度比較踐？又是哪個比較有禮貌呢？

從這個大樓觀察到的結果是，**越有錢的人越會主動打招呼**。

在一般世俗的印象中，感覺有錢人似乎都很踐，但實際上完全相反，越有錢的人其實越有禮貌。

怎樣的日常生活方式，能讓你變成有錢人？

我一開始以爲「是因爲有錢，所以有禮貌」，不過後來覺得，應該是「因為有禮貌，所以變得有錢」才對。

有錢人打招呼不只是平淡地打招呼而已，他們會很有活力、有精神地道「早安！」令人心情愉悅。

一旦被別人這樣打招呼，人的心情就會變好，也會不由自主地對對方產生好印象。

換言之，這些人平常就過著「容易建立盟友的生活方式」。只要讓周圍的人對自己有好印象，工作往往比較順利，成為有錢人的機率較高。

另一方面，即使打了招呼也不回應的人，由於無法讓周圍的人有好印象，故無法獲得盟友，工作往往較不順利，也難以成爲有錢人。

有趣的是，這種傾向也會影響小孩，住高樓層的孩子們通常都會主動打招呼說「你好！」

我每次都會一邊看著這樣的孩子，一邊想著：「這孩子將來肯定也會成為有錢人吧」。

要靠自己的力量成為有錢人，就必須具備高好感度。雖說好感度高不一定有錢，不過，長期富有的人很少是好感度不高的。

藝人也一樣，不管現在再怎麼紅，若是不受工作人員歡迎的話，也必定會走下坡。

關鍵在於，不只是在重大場合有禮貌，而是平常就要有禮貌。

如此一來，光是過著普通的日常生活，身邊便能夠不斷增加盟友。

「『總是』而非『恰巧』法則」（▼P91）中介紹的A先生例子，也可證明這點。

42

年收入會變得和常混在一起的人一樣價值觀連結法則

朋友有兩種

爲什麼很多職業運動員都和藝人交朋友？

從綜藝節目的談話內容可知，藝人和職業運動員平常就有往來互動。

有些人會提到某個藝人的好友是哪個職業運動員，又或是有某個運動員將自己與某藝人的合照上傳至ＩＧ等。

想必很多人心中也都會有如下這類疑問——

「演藝圈和職業運動根本是不同業界，難道不會聊不來嗎？」

「職業運動員就算會上綜藝節目和藝人交流，一年應該也不過就幾次而已，平常應該都是和隊友或工作人員在一起。爲什麼會和只能偶爾見面的藝人成爲好友呢？」

答案其實很簡單，因為他們彼此都是一流。

嚴格來說，不是「職業運動員和藝人的關係好」，而是「一流運動員與一流藝人的關係好」。

朋友有兩種——

一種是因環境連結而成的朋友。例如：自家附近念同一所國小的同學、住在附近的兒時玩伴等。

另一種，則是由價值觀連結而成的朋友。因自己與對方的價值觀完美契合，以致於彼此意氣相投。

職業運動員和藝人就屬於後者。

正因爲在自己的世界裡都是一流，於是被一流的價值觀給相互吸引。

他們的思考方式、行動的先後順序都很相近，也就是說，他們具有很類似的「思維演算法」。

回頭想想，國中和高中時不也是這樣嗎？

比起同班同學，愛讀書的學生往往和其他班級愛讀書的學生處得更好；而調皮搗蛋的，則是和別班的搗蛋鬼混在一起。

因爲由價值觀連結而成的朋友，會比同班同學更談得來。

這也是因爲「思維演算法」很相近的關係。

你的年收入會隨朋友而大幅變化的理由

說來奇怪，在學生時代，價值觀相合的朋友們通常成績也都差不多。愛讀書的成績好，調皮搗蛋的成績就比較差（偶爾也會有那種調皮搗蛋且看似沒在唸書，但成績很好的例外存在）。

這就叫「同質化」。

一旦屬於某個群體，則成員的思考方式、行動與成果，就會變得相似。而長大成人後，同質化又會更進一步加速。

有趣的是，依據一項調查發現，如果計算跟自己平常很親近的5名好友的平均年收入，其結果就差不多是自己的年收入。

這有兩個理由：一是「人容易和收入與自己相當的人成為朋友」。另一個理由則是，「即使年收入本來不同，之後也會漸漸趨近於身邊的人的年收入」。

換言之，你的收入會隨朋友而改變。

這一點兒也不奇怪，因為人的行動來自其價值觀。

價值觀會受到周圍人們的影響。

一旦親近那些公開對周遭表示，「爲實現夢想而努力是理所當然」且已實現夢想的人，你的行動量必定會變多。但若身邊的人都認爲，「夢想根本不可能實現，努力也是白搭」，那你就不會努力。

因此，若你覺得「我想改變自己的人生」、「我想成爲那樣的人」的話，就要和正在實現這些目標的人做朋友。

如此便會自然地受到影響，就能夠朝著理想行動。

我是個上市公司的社長，曾被稱讚過「好厲害」，但其實在朋友群之中，我一點也不厲害。因爲學生時代的朋友、前輩、以前的同事等，很多都是上市公司的社長。

過去我並沒有一心想著「我要成爲上市公司的社長」，但我周圍的前輩、朋友們都擁有「成爲上市公司社長是理所當然」的價值觀。

我只是把他們的「思維演算法」當成「基本標準」來行動，結果不知不覺地，自己也成了上市公司的社長。

所謂的環境，眞的就是這麼可怕的東西呢。

待在實現夢想的人身邊會發生的奇蹟

自從注意到「由價值觀連結而成的朋友法則」後，每當有目標想達成時，我就會去找「實際已達成該目標的人」，並跟他做朋友。

我是個夢想會一個接著一個浮現的人，和正在實現夢想的人做朋友，令人感覺相當好。

或許有人會覺得「爲了自己的成長而去接近成功人士，不噁心嗎？」其實事情並非如此。我並不是爲了濫用成功人士的人脈，或是爲了接受施捨而跟對方做朋友。

因爲對其「價值觀」有共鳴，才跟對方成爲朋友，所以對方往往也覺得很開心。

雖說有時也會遇到「和自己不合拍，不知該聊什麼好」的對象，但不必擔心，依狀況不同可以採取有點類似「徒弟」的形式待在其身邊（法則34▼P272）。

只要讓自己維持在「平常就會受到對方影響的距離」即可，不一定非得是朋友不可。

當對方出現令你感到奇怪的舉動時，就立刻詢問：「你爲什麼決定這麼做呢？」這樣就能了解理想人物的「價值判斷標準」，達到與同樣標準的人「談得來」的狀態。

如此一來，類似的熟人及朋友便會增加。一旦被這些人包圍，自己也會漸漸被感化。

只要培養出同類型的「思維演算法」，自然就能夠獲得同樣的成果。

43 不再為人們的情緒所左右 喜歡7：討厭3之法則

什麼是「喜歡7：討厭3」之法則？

你一定也曾有過「不想被別人討厭」的想法吧？也一定曾經因此壓抑自己的情緒、拼命忍耐。

可是，這麼做有讓你的努力獲得回報嗎？

其實，再怎麼好的人，都一定有人會討厭他。

假設，這世上除了你之外，只有10個人，而這10個人對你的感覺，會是下列這幾種情況之一——

❶ 其中7人「還算喜歡」，3人「有點討厭」。
❷ 其中9人「還算喜歡」，1人「非常討厭」。
❸ 其中1人「非常喜歡」，9人「有點討厭」。
❹ 其中3人「非常喜歡」，5人「不感興趣」，2人「非常討厭」。

「喜歡」的「人數×強度」和「討厭」的「人數×強度」，大概會是7：3的比例。

亦即來自別人且朝向自己的能量（人數×強度）中的**7成是「喜歡」的能量，剩下的3成則為「討厭」的能量**。

這就是所謂「喜歡7：討厭3」之法則。

有些人可能會努力避免3成的「討厭」能量，但基本上，這些能量還是會維持在「7：3」。

因此，「討厭」的能量一旦降至三分之一，「喜歡」的能量也會降至三分之一。

同時適用於國民歌手的法則

那麼，「受到大家喜愛的人氣王」又是如何呢？

這也同樣適用「7：3」的比例。只不過以藝人來說，有時會有極度強烈的反對者存在。

例如：有位國民人氣歌手A，唱紅了許多膾炙人口的歌曲，且這些詞曲都是由該本人所創作。這不只是有才能而已，想必是在對自己嚴格要求、自我逼迫之下，不斷努力創作，才得以有此成就。

個性友善、好感度又高，還不曾傳出過八卦新聞，於是便確立了其國民級的高人氣地位。

大家一定都以爲，沒有人會討厭這種人，但他終究還是有反對者。

我朋友的朋友B先生任職於唱片公司，那時A是他負責的歌手。

我朋友：「你負責A啊！好羨慕喔！」

B先生：「別在我面前提到A，一聽到他的名字我就胃痛！」

我朋友：「爲什麼？」

B先生：「A確實很優秀，不論對自己發表的作品還是自己的形象，都基於信念徹底講究，毫不妥協，所以每次都能做出那麼好的作品。」

我朋友：「那不是很棒嗎？爲何聽到他的名字就胃痛？」

B先生：「因爲他對周圍的人也是如此要求。雖然他的作品是以自己為核心創作而成，但只靠他一人是絕對做不出來的。包括我在內，周圍的人也都很熱心地投入他的創作。可是，他對我們這些工作人員也都要求完美。即使是我們熬夜做出來的東西，只要沒達到他要求的水準，就會一直命令我們重做。我曾經好幾次都想著：我絕對不要再和這個人一起工作了。」

我朋友：「那真是有點慘。」

B先生：「正因如此，A才會這麼成功。如果他體諒我們而做出妥協的作品，就等於背叛了歌迷，肯定無法獲得今日的地位。懂得這個道理的工作人員，無論發生什麼事都會一直跟隨他。我也是就算胃痛也還是努力跟著他。不過，據說有些資歷較淺的工作人員，會說他的壞話，而且很快就辭職了。」

以這例子來看，A應該要體諒年輕工作人員，以免被他們討厭嗎？若是如此，便只能做出品質較差的作品，可能就必須放棄至今所培養出的眾多歌迷與地位了。

一旦減少工作人員的「討厭」，來自歌迷的「喜歡」便會降低。

若試圖避免被討厭，就會失去更多

以前，曾有個人非常討厭我。於是我一邊思考「他爲什麼討厭我」、「怎樣才不會被討厭」，一邊拼命尋找改善的辦法。

反覆跟他深談多次後，我終於明白是因爲他「討厭工作能力比自己強的男性」。

若要不被他討厭，我就只有「工作能力變得比他差」或「變成女性」這兩個選擇。最後，我終於領悟到沒必要爲了讓他喜歡我而做到那種程度，也注意到自己先前的努力有多麼沒意義，甚至還因此失去了很多。

我爲了不被他討厭所做的努力，讓我失去了周圍其他人對我的信任。

我的態度對某些人來說像是「巴結諂媚」，對另一些人來說，像是

「缺乏信念」。因此在不知不覺中，我減少了「喜歡」的總量。

在那之後，我便決定「即使被討厭，也不見得一定是自己不好。今後不論是被喜歡還是被討厭，都要貫徹自己認爲正確的事。」

如此一來，我對於「被喜歡還是被討厭」就變得毫不在意了。

若覺得自己是對的，那麼被討厭也無所謂。

反倒是爲了不被討厭而失去自我，甚至做出連自己都無法認同的行爲，那才眞的是非常糟糕。

在工作上應該要被誰喜愛才好？

那麼，在工作上應該要被誰喜愛才好呢？

害怕被討厭而無法對下屬說話嚴厲的中階主管，是不會受到管理高層喜愛的。擔心被員工討厭的社長，是不會受到顧客喜愛的。

在工作上，要被所有人喜歡也同樣是不可能的事，你必須自己決定「該被誰喜歡才好？」

要以「開心與否」為基礎過生活

一旦不在意「別人怎麼看自己」，心就能平靜下來。

比起一般人，社長這種職業，較容易讓很多人產生「喜歡與討厭」的好惡情緒。

公司經營久了，偶爾恰巧做得很順利時，也會被周圍的人捧上天。

這時，我都覺得「一旦開始被捧上天，就是強烈厭惡我的人差不多要出現的前兆」。

而當自己被周圍的人強力反對，令周遭產生負面情緒時，則會覺得「我的影響力又再升高了一個層次呢！」影響力小的話，根本不被當成一回事，當然也就不會被討厭。

不論被喜歡還是被討厭，都將之視爲「單純的現象」。

人不可能「不被任何人討厭」，但也不至於「被所有人討厭」。

只要做自己，用自己認為正確的方式活下去就行了。

別被他人的情緒左右，以對自己的感受而言「開心與否」爲基礎過生活即可。

44

金錢的用法遠比金額重要得多
用錢買幸福法則

很多有錢人其實很貧窮的理由

當被問到：「你很忙嗎？」，很多人都會回答：「忙到沒時間。」而被問到「你的錢很夠用嗎？」，則往往回答：「如果在金錢上能再寬裕點就好了……」

與數十年前以人工操作方式的工作相比，今日各式各樣的電子產品及物聯網（Internet of Things：IoT）等已然普及，在時間和金錢上應該能夠更寬裕才對，怎麼會忙到沒時間又錢不夠呢？

這是因爲，近幾十年來，人們「創造金錢與時間」的能力大幅提升，但「使用金錢與時間」的能力卻毫無長進的關係。

我曾經從一位大富豪那裡聽到一個故事。

他說：「我當上班族的時候，年收入是300萬日圓，但一年的生活費是301萬日圓，總是不夠1萬日圓。我很討厭這樣的生活，於是便下定決心創業，花了10年的時間達到年收入5000萬日圓。只不過，現在一年的生活費是5001萬日圓，還是不夠1萬日圓。」

那位大富豪說完後，自己哈哈大笑。

後來我研究了許多有錢人，才發現原來「很多有錢人其實很貧窮」。

在月中左右見面時，這些人都毫不在乎地大把花錢，好威風的樣子，可是一到月底就為了「錢不夠」而四處奔走，請求著說：「借我1萬日圓！再過三天我就會有100萬日圓入帳，到時就馬上還你。」

這人到底是富有，還是貧窮？

這世上可是有很多像這樣令人摸不著頭緒的人存在呢！

錢的重點不在於面額，而在於平衡

我跟一位金錢方面的專家講到這個故事時，他告訴我：「金錢的重點不在於面額，而在於平衡」。

絕大多數的人就算收入的面額增加了，若沒有強烈的意識，其「金錢的使用比例」並不會改變。

舉例來說，假設調查月收入20萬日圓的人的支出比例，會發現是呈現如下的狀況——

儲蓄10％＝2萬日圓
房租等30％＝6萬日圓
飲食費15％＝3萬日圓
服裝等15％＝3萬日圓
其他30％＝6萬日圓

當這個人的月收入增加到30萬日圓時，其支出比例如下——

儲蓄10％＝3萬日圓
房租等30％＝9萬日圓
飲食費15％＝4萬5千日圓
服裝等15％＝4萬5千日圓
其他30％＝9萬日圓

各個項目的比例維持不變，各面額幾乎是均等地增加。

如果是每月收支爲負的人，即使收入增多，結果也還是會維持負的。

由於負的比例不變，所以負的面額便會增加。

換言之，若你覺得「錢不夠」，只要還繼續照著現在的方式花錢，就永遠寬裕不起來。

相反地，只要改變花錢的方式或平衡，那麼即使收入不增加，也一定能夠寬裕起來。

在金錢上寬裕的兩個訣竅

在金錢上寬裕的訣竅，有以下兩個方式——

❶ 若收入有增加

假設收入增加了3萬日圓。

這時，你不能將這3萬日圓均等地分配於目前的各個用途，也就是不能採取讓整體都稍微奢侈一點的用法，房租、飲食費等可維持現狀的部分就維持現狀。然後將3萬日圓的大部分，都投入至如儲蓄及其他等「能讓自己感到寬裕的項目」。

這樣你就會覺得相當寬裕了。

❷ 若收入沒增加

將自己以前收入更少時的金錢使用比例、面額列出來（比例本身很可能沒有太大改變）。

把各個用途中「並沒有讓自己覺得很困擾」的部分，降低至過去的面額。然後把多出來的額度，重新分配給儲蓄及其他等「容易讓自己感受到寬裕的項目」。

一開始會覺得痛苦，不過很快你便會習慣，接著就會開始感覺到「金錢上的寬裕」。若是再加上商業上的經驗，更將達到下一個層次的境界。

你對各種事物的看法，也會因此有所改變。

例如：當看見一張辦公椅，你會清楚看出它由座椅與中心軸構成，是分別採購各個材料並經過加工組合後，才出現在自己眼前的這整個過程。

而當你想像參與了其中各個程序的人們的付出與努力，便會對身邊及周遭的人事物心存感激。於是你就不會糟蹋、濫用，再也無法購買不必要的東西而造成浪費。

由於不再浪費錢，錢就會變多。

有錢人就是透過這樣的循環創造出來的。

幸福可以用錢買到

我認爲「幸福是可以用錢買到的」。

哪怕只是自我滿足，如果能幫助他人會令你感到幸福的話，世上確實是有金錢買得到的幸福。

對於罹患重病的人，雖然無法自行將他治癒，但可以幫他出一部分的治療費。

對於因地震而無家可歸的人，雖然無法替他建造新家，但可以出錢讓他買房子。

對於因不景氣而經營不順的公司，雖然無法直接將其重整，但可以提供資金幫它度過難關。

在新冠疫情蔓延時，雖然無法以自己的力量阻止傳染擴大，但可以捐錢給在第一線奮戰的醫護人員。

對於爲了每天的生活而做著令自己厭惡的工作的人，可以讓他辭職，並資助一些生活費。

就算無法直接用金錢買到幸福，但至少能用金錢避開不幸。

獲得金錢與時間的人會走到最後
幸福就在腳邊法則

明明時間很多，卻「好忙」的理由

在創業前，我辭去了拼命型的上班族工作，有兩年左右的時間只靠存款度日。

在犧牲睡眠拼命工作的上班族時期，我過著連一天要擠出10分鐘都很困難的生活。既然辭職了，於是就充滿幹勁地覺得「從現在起，時間很多，我要過著想睡多久就睡多久的生活，還要做很多以前因爲沒空而無法做的事。」

擺脫束縛的我「想睡就睡」、「想起床就起床」、「肚子餓了就吃」、「看自己想看的書」、「追自己想追的劇」，完全依照本能過生活。

結果發現，原本以爲「有很多」的時間，「意外地並不多」。24小時，每天如果都渾渾噩噩地過，很快就過去了。

只有「忙碌的程度」降低了而已。

原本是從早到晚都有事情要做，但爲了要有空閒的時間而辭職之後，變成了一天只有一件事要做就覺得很忙。

一旦想起床的時候才起床，想吃飯的時候才吃飯，明明只有傍晚6點時爲了一件事必須出門，卻轉眼間就到了該出門的時候。

這讓我覺得，自己運用時間的能力嚴重退步。

為何不該追求FIRE？

如果能辭職、但保有還在工作時的時間運用方式，將空下來的時間用於別處，應該就能過著有意義又悠閒的生活。

然而，一旦有了「時間很多」的心態，以前在短時間內就能完成的事，也會做得拖拖拉拉。結果該做的事沒做完，依舊覺得「時間不夠」、「好忙」。

根據我的經驗，以「依照本能，懶散地只做最基本該做的事」來說，24小時實在是太短了。因此，若是「只做最基本該做的事」，「依照本能懶散度日」最好只限於完整的假日。

現在的年輕人很流行所謂的FIRE。

FIRE是「Financial Independence, Retire Early」的縮寫，直譯就是「財務獨立，提早退休」。

我認爲財務獨立很好，但提早退休最好不要。

人一旦沒有該做的事，就眞的會什麼都不做，精神狀態也會變差。

控制忙碌程度的訣竅

所謂的「忙碌程度」，終究不是取決於實際業務量的多寡，而是受到主觀感受的左右。

同樣的工作量，可能會讓某個人覺得「很忙」，但卻讓另一個人覺得「很閒」。

所以說，「忙碌程度」是可以靠自己的情緒來控制的。

而這方面有兩種有效的控制方法——

❶如果覺得「很忙」，就逆向操作，把該做的工作量或作業量增加到

「3倍」。之後再恢復到原本的工作量時，就會覺得悠閒。

❷看看更忙的人，就會覺得「我以爲自己很忙，結果也不過是那個人的三分之一而已」，這樣至少忙碌的煩躁感就會消失

KinKi Kids的堂本光一曾在某個電視節目裡，進行各式各樣的證照挑戰，也逐一成功取得各項資格。他利用其他唱歌節目、綜藝節目、連續劇的錄影及演唱會之間的空檔，拼命練習、苦讀。結果取得了一級小型船舶操縱士、鍋爐操作員、堆高機駕駛等20項證照。

看見堂本光一如此活躍，我就覺得「再怎麼忙也沒有堂本光一忙，我還是再加把勁吧！」

寬裕和幸福，其實現在立刻就能實現

並非賺了大錢，獲得空閒時間，就能在金錢和時間上擁有寬裕感。

想要在金錢和時間上寬裕，就該掌握「金錢與時間的運用訣竅」，這樣即使維持現有的收入及時間，有些人還是能獲得充分的寬裕感。

有位成功人士曾分享——

「我在全日本各地飛來飛去地工作，雖然繞了不少路，但也勉強算是成功。而令這樣的我感到最幸福的瞬間，就是在全力投入一整天的工作後，在飯店房間，邊喝啤酒邊看職棒新聞的時刻。不過，這是不需要事業有成也能做的事。我一直以爲成功了就會幸福，但其實**其實幸福就在腳邊**。」

注意到腳邊的寬裕感，或許那才是最大的奢侈也說不定。

結語

獻給從今天起，將變身為「有能者」的你

感謝你讀完本書。

在前面的內容中，我為你介紹了——

成果＝技能「思維演算法（思考方式）」的黃金法則。

想在短時間內獲得最大成果，很多人往往只會拼命磨練技能。

但技能的差距只有3倍，而「思維演算法」則最多可達50倍。

因此，本書便整理了用來安裝「思維演算法」的45個法則。

在本書的最後，想稍微聊一下自己是如何建立「思維演算法」。

在基礎的程式設計中，有一種叫「if條件式」。

而這個if就代表其英文的本意，亦即「如果○○的話」之意，是用於「如果○○的話，就進行這項處理」的條件判斷語法。

我會考量各種條件，把日常工作公式化成「若是這種情況就A」、「若是這種情況則B」，好讓思考過一次的事情不必再思考第二次。

例如，旅行或出差時用的「攜帶物品檢核表」（▼P217）幾乎都是由if條件式構成。

只要點一下並設定目的地，便能分別顯示「國內的話使用A組合」、「海外的話使用B組合」。

在工作上，我會詢問員工「在這種情況下該怎麼做？」並找出其中的規律性，建立出所謂「這種情況是A」、「這種情況是B」的演算法。

只要養成平常就先建立演算法的習慣，就不必每次都重新判斷。

以一整年來看，可是能省下不少時間呢！

有一次在開廣告製作會議時，有位女性員工建議要用櫻花粉的粉紅色，她說：「廣告很重視季節感，所以3～4月就使用這種粉紅色吧！」

我覺得挺有道理，於是便選用粉紅色做了廣告。

到了5月，這位女性員工又提出了粉紅色的廣告提案。

我問：「3～4月是櫻花的季節，所以用粉紅色，怎麼5月也是粉紅色呢？」

她說：「雖說也是粉紅色，但是依季節不同，能夠營造出的色調也都不太一樣。」

看到實品後，確實看似都是粉紅色，但仔細瞧還是不太一樣，那是所謂的鮭魚珊瑚粉色。

我因此瞭解到，粉紅色其實分很多種，即使都是粉紅色，依季節不同，能營造出熟悉感的色調並不相同。

不過，往後每次製作廣告時，若是都要說明粉紅色的細微差異的話，會很花時間。於是，我便針對「6月適合什麼樣的粉紅色」、「7月適合什麼樣的粉紅色」等，諮詢公司內部意見後，做出一整年的圖表。

如此一來，就算是對顏色敏感度較低的人，只要確定「月份」，就能有效運用粉紅色的各種不同變化。

我就是一邊進行著這種踏實的基礎工作，一邊建立起本書所介紹的「思維演算法」。

若能對各位有所助益，身爲作者的我將無比開心。

在這本書中，第1章到第4章介紹的是，各式各樣的「思維演算法」；第5章則是說明有關複製成功人士的基本思維方式、基礎（作業系統）。

我也曾複製過許多成功者的作業系統，而在培養成功者作業系統的過程中，只要感覺到有任何一點點的不對勁，我就會直接詢問該本人「您爲何這麼做呢」、「您爲什麼這樣想呢」如果見不到本人，則會盡可能問到最接近他的人。

這做法眞的很好。

當創業早期的北海道特產網路銷售事業上了軌道時，我雖然在北海道特產的網路銷售業界變得小有名氣，實際利潤並沒有那麼多。

就在這時候，有位成功人士給了我忠告——

成功人士：「木下先生沒賺到錢卻出了名，這不太妙。」

不解的我：「爲什麼這麼說呢？」

成功人士：「明明沒賺錢，卻因出名而備受關注，你提升銷售額的方式都被大家看個精光。競爭對手一旦增加，便會立刻被模仿。錢沒賺到，競爭還變得更激烈，這是最糟的！身為經營者，如果想要成功，重點應該在於增加利潤，而不是出名！」

我原本以爲要增加銷售額或利潤，就必須提高知名度；但這會兒才意識到，知名度的提高只能針對使用者，對除了使用者之外的人提高知名度是一大錯誤。

有如被雷劈到般大受打擊的我，開始覺得必須從根本改變自己的思考方式才行。

其實那位成功人士的公司非常賺錢，但其提升銷售額的方式，卻是徹底的黑箱。我也曾參觀過他的公司，其大樓沒掛公司名稱的看板，窗戶也不多，完全看不出來是在做什麼。

後來，我的努力有了回報，我們公司的銷售額超過了那位成功人士的公司。我想讓他稱讚我一下，於是邀請他來參觀我們公司。

沒想到他看了整體流程後，卻說：「銷售額是我們的1．5倍，員工人數卻是我們的3倍，這未免效率太差了！」

就銷售額而言是我們公司較多，但就利潤而言，是他們公司比較多。

這讓我對擴大規模一事有了更深入的思考。

我就是像這樣，不厭其煩地接受成功人士教誨洗禮的同時，慢慢地改寫了自己的作業系統。

能夠認識成果比自己更多、且想法和自己不同的成功人士，眞的是很幸運。不停地發問，直到能理解對方的想法爲止，這樣確實能獲得很多新發現。

很多人都太看重目前的自己了，一邊堅持著目前的作業系統，同時卻又爲其添加新東西，試圖成長。

這或許是一種對缺乏自信的反動。

自己的存在價值在哪裡？
周圍的人們需要什麼？

一旦試圖勉強接受現在的自己，就會無法捨棄自己僅有的一點東西。不過，別擔心！即使把現有的一切都歸零，今後還是能夠獲得更多。

20幾歲時的我雖然有著「無法立刻行動」的大弱點，但以「劈啪法則」（▼P40）為契機卸下「枷鎖」後，就變身為立即行動者，成了能夠做出成果的人。

未來依舊機會無限，但人生有限。

所以，請從現在就開始吧！

時間最短化，成果最大化的法則

作　者　木下勝壽 Katsuhisa Kinoshita
譯　者　陳亦苓 Bready Chen
責任編輯　許世璇 Kylie Hsu
責任行銷　鄧雅云 Elsa Deng
裝幀設計　Dinner Illustration
版面構成　譚思敏 EmmaTan
校　對　葉怡慧 Carol Yeh
發 行 人　林隆奮 Frank Lin
社　長　蘇國林 Green Su
總 編 輯　葉怡慧 Carol Yeh
日文主編　許世璇 Kylie Hsu
行銷主任　朱韻淑 Vina Ju
業務處長　吳宗庭 Tim Wu
業務主任　蘇倍生 Benson Su
業務專員　鍾依娟 Irina Chung
業務秘書　陳曉琪 Angel Chen
　　　　　莊皓雯 Gia Chuang

發行公司　悅知文化　精誠資訊股份有限公司
地　址　105台北市松山區復興北路99號12樓
專　線　(02) 2719-8811
傳　真　(02) 2719-7980
網　址　http://www.delightpress.com.tw
客服信箱　cs@delightpress.com.tw
ISBN　978-626-7406-16-8
建議售價　新台幣399元
首版二刷　2024年06月

國家圖書館出版品預行編目資料

時間最短化，成果最大化的法則／木下勝壽著；陳亦苓譯. -- 初版. -- 臺北市：悅知文化精誠資訊股份有限公司, 2023.12
面；公分
ISBN 978-626-7406-16-8（平裝）
1.CST: 工作效率 2.CST: 時間管理
494.01　　112020169

建議分類｜商業管理